智慧输变电技术

智能化变电站

王 欣 于 虹 许志松 魏 杰 周 帅 ○ 著

西南交通大学出版社
·成 都·

图书在版编目（ＣＩＰ）数据

智能化变电站 / 王欣等著. 一成都：西南交通大学出版社，2022.9
ISBN 978-7-5643-8941-3

Ⅰ. ①智… Ⅱ. ①王… Ⅲ. ①智能系统 – 变电所 – 自动化技术 Ⅳ. ①TM63

中国版本图书馆 CIP 数据核字（2022）第 183350 号

Zhinenghua Biandianzhan

智能化变电站

王 欣　于 虹　许志松　魏 杰　周 帅 / 著

责任编辑 / 张文越
封面设计 / 何东琳设计工作室

西南交通大学出版社出版发行

（四川省成都市金牛区二环路北一段 111 号西南交通大学创新大厦 21 楼　610031）
发行部电话：028-87600564　　　　028-87600533
网址：http://www.xnjdcbs.com
印刷：四川煤田地质制图印务有限责任公司

成品尺寸　185 mm×240 mm
印张　12.75　　字数　224 千
版次　2022 年 9 月第 1 版　　　印次　2022 年 9 月第 1 次

书号　ISBN 978-7-5643-8941-3
定价　58.00 元

《智能化变电站》编委会

主要著者　　王　欣　于　虹　许志松　魏　杰　周　帅

其他著者　　姜虹云　王　勇　杨修正　张永刚　于　辉

　　　　　　罗　佼　张　杰　周丽花　胡　云　朱　华

　　　　　　陈　益　常　荣　周云峰　商经锐　张　粥

　　　　　　张　航　杨俊谦　赵　磊　徐　韬　周朝荣

　　　　　　金发举　艾永俊　普碧才　冯建辉　陈　刚

　　　　　　赵正平　徐正国　孔碧光　余顺金　曾也慕

　　　　　　陈　炯　唐　伟

前言

当前，世界各国为应对气候变化、保障能源安全，日益重视发展清洁能源和提高能源利用效率，世界能源发展呈现出清洁化、低碳化、高效化的新趋势。作为实现低碳电力的基础与前提，智能电网技术近年来在很多国家得到快速发展，并有力促进了电网的智能化，智能电网已成为未来电网的发展趋势。作为衔接智能电网发电、输电、变电、配电、用电和调度六大环节的关键，智能化变电站是智能电网中变换电压、接受和分配电能、控制电力流向和调整电压的重要电力设施，是智能电网"电力流、信息流、业务流"三流汇集的焦点，对建设坚强智能电网具有极为重要的作用。

依托于大数据、云计算、人工智能、5G通信、信息安全防护、物联网等创新技术，智能化变电站相较于传统变电站，从设计、生产、建设、调试到运行、维护，都有了较大的变化，对相关领域的专业人员提出了新的要求。本书针对智能化变电站领域的新技术，结合当前国内智能变电站的研发、设计和运维经验，对智能变电站的概念、功能、关键技术和应用做了全面、系统的介绍。

本书共八章，第一章综述了智能化变电站的概念、特征、架构等；第二章介绍了智能化变电站的巡检技术；第三章介绍了设备状态智能检测与分析技术；第四章介绍了在线监测评估技术；第五章介绍了智能化操作技术；第六章介绍了智能化柔性电力设备；第七章介绍了间歇性分布式电源接入技术；第八章介绍了智能化安防技术。

由于作者水平有限，书中难免存在疏漏不足之处，希望读者批评指正。

目录 CONTENTS

1 智能化变电站概述 ·················001

1.1 智能化变电站简述 ·················001

1.2 智能化变电站的概念 ·················002

1.3 智能化变电站的特征 ·················002

1.4 智能化变电站智能装置及其功能结构 ··············003

1.5 智能化变电站架构 ·················004

1.6 传统变电站、数字变电站与智能化变电站 ········006

1.7 智能化变电站关键技术分析 ·················008

2 智能化变电站巡检技术 ·················0011

2.1 变电站环境分析 ·················012

2.2 环境地图模型的建立 ·················015

2.3 环境感知技术 ·················020

2.4 高精度自主导航技术 ·················024

2.5 路径规划 ·················026

3 设备状态智能检测与分析技术 ··············035

3.1 图像自主采集识别技术 ·················035

3.2 红外测温技术 ·················046

3.3 声音识别技术 ·················054

3.4 局部放电检测技术 ·················061

4 智能化在线监测评估技术 ·····················067

4.1 智能化在线监测评估系统架构 ·····················067

4.2 监测数据采集及交互 ·····················076

4.3 多维监测数据并联分析与评价 ·····················082

5 智能化操作技术 ·····················087

5.1 智能化过程层架构 ·····················087

5.2 智能化变电站三维实景构建 ·····················097

5.3 过程层故障诊断技术 ·····················104

6 智能化柔性电力设备 ·····················111

6.1 智能化柔性电力设备功能特性 ·····················111

6.2 智能化柔性电力设备拓扑结构 ·····················118

6.3 智能化柔性电力设备协调控制策略 ·····················133

7 间歇性分布式电源接入技术 ·····················138

7.1 间歇性分布式电源特性 ·····················138

7.2 间歇性分布式电源柔性并网技术 ·····················150

8 智能化安防技术 ·····················165

8.1 智能一体化五防系统 ·····················165

8.2 人脸识别技术 ·····················170

8.3 现场作业智能管控技术 ·····················180

参考文献 ·····················187

1 智能化变电站概述

1.1 智能化变电站简述

电力行业的发展是一个国家能源发展至关重要的一环，它与人们的衣食住行息息相关。电力行业的发展从侧面反映了一个国家的综合国力和现代化水平。随着信息技术的发展和生活水平的提高，人们对于电网的供电量以及安全性的需求不断提高，传统电网的缺陷日益明显，逐渐失去了其主导地位。

首先，传统电网缺乏灵活性，电力总是从一端输送到另一端，没有充分考虑电力的调配和双方之间的信息交互。其次，传统电网输出端为集中式大型电厂，电力生产较为集中，距离负荷端较远，在电力传输过程中存在大量的损耗。再次，传统电网的信息安全性欠佳，攻击者能够轻易窃取到用户的电力数据，从而泄露个人隐私。最后，传统电网在电力调度和分时电价方面也都存在明显的局限性，不能够灵活地满足人们的用电需求。

因此，为了改善用户的用电环境以及加强电网的安全性，传统电网向智能电网转型已经成为不可扭转的趋势，智能电网以其独特的优势迅速成为学术界以及工业界的研究对象。智能电网改善了电网的交互模式，实现了输电端和用电端的双向信息交互，使得电力的调度以及分时电价更加灵活，在便利电网用户生活的同时也保障了信息安全。

智能化变电站是数字化变电站的升级和发展，是在数字化变电站的基础上，结合智能电网的需求，对变电站自动化技术进行充实以实现变电站智能化功能。从智能电网体系结构看，智能化变电站是智能电网运行与控制的关键。作为衔接智能电网发电、输电、变电、配电、用电和调度六大环节的关键，智能化变电站是智能电网中变换电压、接受和分配电能、控制电力流向和调整电压的重要电力设施，是智能电网"电力流、信息流、业务流"三流汇集的焦点，对建设坚强智能电网具有极为重要的作用。

1.2　智能化变电站的概念

采用可靠、经济、集成、低碳、环保的设备与设计，以全站信息数字化、通信平台网络化、信息共享标准化、系统功能集成化、结构设计紧凑化、高压设备智能化和运行状态可视化等为基本要求，能够支持电网实时在线分析和控制决策，进而提高整个电网运行可靠性及经济性的变电站。自动完成信息采集、测量、控制、保护、计量和检测等基本功能，同时，具备支持电网实时自动控制、智能调节、在线分析决策和协同互动等高级功能的变电站。

1.3　智能化变电站的特征

变电站的智能化建设体现我国智能电网信息化、数字化、自动化、互动化的特点：

（1）紧密连接全网。从变电站在智能电网体系结构中的位置和作用看，智能电网的建设，要有利于加强全网范围内各个环节间联系的紧密性，有利于体现智能电网的统一性，有利于互联电网对运行事故进行预防和紧急控制，实现在不同层次上的统一协调控制，形成统一坚强智能电网的关节和纽带。

（2）支撑智能电网。从智能化变电站的自动化、智能化技术上看，智能化变电站的设计和运行水平，应与智能电网保持一致，满足智能电网安全、可靠、经济、高效、清洁、环保、透明、开放等运行性能的要求。

（3）高电压等级的智能化变电站应满足特高压输电网架的要求。特高压输电线路将构成我国智能电网的骨干输电网架，变电站应能可靠地应对和解决大容量、高电压带来的设备绝缘、断路器开关等方面的问题，支持特高压输电网架的形成和发挥有效作用。

（4）中低压智能化变电站允许分布式电源的接入。未来智能电网的一个重要特征就是大量的风能、太阳能等间歇性分布式电源的接入。智能化变电站作为分布式电源并网的入口，从技术到管理、从硬件到软件都必须充分考虑并满足分布式电源并网的需求。大量分布式电源接入，形成微网与配电网并网运行模式。这使得配电网从单一的由大型注入点单向供电的模式，向大量使用分布式电源的多源多向模块化模式转变。与常规变电站相比，智能化变电站从继电保护到运行管理都应做出调整和改变，以满足更高水平的安全稳定运行需要。

（5）远程可视化。智能化变电站的状态监测与操作运行均可利用多媒体技术实现远程可视化与自动化，以实现变电站真正的无人值班，并提高变电站的安全运行水平。

（6）装备与设施标准化设置、模块化安装。对智能化变电站的一、二次设备进行高度整合与集成，所有的装备具有统一的接口。建造新的智能化变电站时，所有集成化装备的一、二次功能，在出厂前完成模块化调试，运抵安装现场后只需进行联网、接线，无须大规模现场调试。一、二次设备集成后标准化设计、模块化安装，对变电站的建造和设备的安装环节而言是根本性的变革，可以保证设备的质量和可靠性，大量节省现场施工、调试工作量，使得任何一个同样电压等级的变电站的建造变成简单的模块化设备的联网、连接。因而可以实现变电站的"可复制性"，大大简化变电站建造的过程，从而提高了变电站的标准化程度和可靠性。出于以上需求的考虑，智能化变电站必须从硬件到软件、从结构到功能上完成飞跃。

1.4 智能化变电站智能装置及其功能结构

（1）智能化测控装置：变电站基础信息的根本来源，通过综合集成化智能装置的接口接入站内光纤以太网，可以构成全站乃至全网范围的标准化基础信息平台。

（2）继电保护模块：从智能化现场测控装置获取所需信息，以最短的时间做出反应；任何情况下其保护功能都不能被关闭；可通过标准化接口与其他一次设备的综合集成化智能装置的保护功能交互、配合。

（3）统一数据存储模块：综合集成化智能装置的本地信息数据库，测量得到的所有标准化模拟量、开关量与状态量信息都储存于此，并提供给其他功能模块，同时可以按照时间轴和属性轴等对信息数据进行初步归类与整理。

（4）运行控制模块：从统一数据存储模块获取本地设备的状态信息，也可接受来自变电站层的指令或利用其他综合集成化智能装置的信息综合判断，实现对一次设备的自动控制、紧急控制、故障录波与事件记录、非正常状态与故障状态的恢复等功能。

（5）诊断监视模块：实现对设备状态的监视与诊断。

（6）软件管理模块：对所有的功能模块软件进行管理、更改和升级。

（7）通信管理模块：对所有功能模块的所有信息进行有效的组织和管理，以保证信息交互的可靠与高效。

1.5 智能化变电站架构

智能化变电站具有"三层两网"的结构，从上至下分为站控层、间隔层、过程层三个物理层次，称之为智能化变电站二次系统的"三层"结构。站控层和间隔层之间由站控层网络连接，间隔层和过程层之间由过程层网络连接，称之为智能化变电站二次系统的"两网"结构。由站控层网络和过程层网络将过程层、间隔层、站控层相互关联起来，能够实现站内网间的信息共享、实时监控、自动采集等功能。

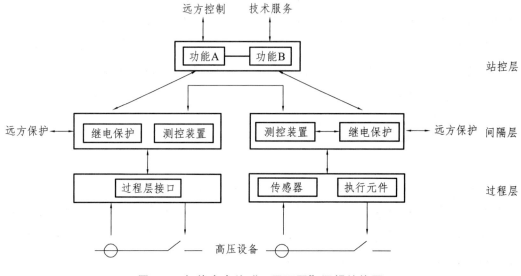

图 1-1 智能变电站"三层两网"逻辑结构图

1.5.1 过程层

过程层是"三层两网"构架的最底层，用于实现与一次设备的信息交互，主要作用是实现一次系统与二次系统之间信息量的模数转换和信息采集与控制输出。该层的主要设备包括合并单元、智能终端等智能设备。具体来说，合并单元的主要作用是将来自电流和电压互感器的电流幅值和相位、电压幅值和相位转换为数字信息，再通过同步、合并等功能对转换后的数字信息进行整合，形成符合国际电工委员会（International Electrical Commission，IEC）标准的数字信号。智能终端的主要作用包括采集和控制两个方面，就采集功能来说，是将来自断路器、隔离开关、母线等一次设备的状态及位置模拟信息转换为数字信息，供上层设备使用；就控制功能来说，是将来自上层设备的跳闸等控制信息转换为模拟信息，进而驱动断路器、隔离开关、变压器分接头等一次设备实现断开闭合等操作。

1.5.2 间隔层

间隔层是"三层两网"构架的核心层，通过对来自过程层的各类采样信息进行分析处理，判断出当前一次系统所处的运行状态，再通过一系列控制指令实现对一次设备的控制操作。该层的主要设备包括各类继电保护装置、测量控制装置、计量采集装置、故障分析和网络分析装置等。由于该层次位于整个"三层两网"构架的中间位置，因此也起到了承上启下的作用，即向站控层上传各类采样信息，又接收来自站控层的各类控制信息；即接收来自过程层的采样信息，又向过程层发送各类控制信息。

1.5.3 站控层

站控层是"三层两网"构架的最高层，主要作用是提供必要的人机交互界面，便于运行维护人员对全站设备运行状况进行统一集中监视和控制，同时也用于实现远端调度控制中心与站内设备的远程信息交互，便于实现对智能变电站的远程监视和控制。该层的主要设备包括监控主机、远动装置、五防系统、继电保护故障信息系统及网络打印机等。

1.5.4 过程层网络和站控层网络

过程层网络是"三层两网"构架中用于连接过程层和间隔层的网络，用于实现过程层和间隔层设备之间的信息交互。站控层网络是"三层两网"构架中用于连接间隔层和站控层的网络，用于实现间隔层和站控层设备之间的信息交互。过程层网络和站控层网络由光纤网络构成，不同设备之间既可采用"点对点"的光纤直连技术实现通信，也可采用网络交换机构成的组网技术实现信息交互。

1.6 传统变电站、数字变电站与智能化变电站

1.6.1 传统变电站

传统变电站（图1-2）与智能变电站的物理结构大致相同，但二者的功能、接口结构以及系统运行方面却呈现出不同的特质。传统变电站的特点在于其监控系统主要分为站控层和间隔层两层网络，并且未经过统一建模，而采用多种规约。传统变电站中不仅仅拥有监控网络，还具备保护等多种网络。传统变电站中的互感器和一次设备可以由常规控制电缆硬接模式实现与站控层之间的信息交换。传统变电站的站控层设备主要由拥有数据库的计算机和远方通信接口等共同构成。间隔层则起到保护、测量以及计量等作用。

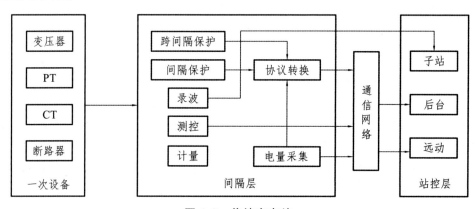

图1-2 传统变电站

1.6.2 数字变电站

数字变电站（图1-3）的自动化系统主要分为三层，分别是站控层、间隔层以及过程层。智能化变电站的站控层设备和间隔层设备的构成基本与传统变电站的常规监控系统类似。仅从外延来看，数字变电站与当前未按照国际电工委员会（International Electrical Commission，IEC）61580标准建设的技术变电站之间并没有明显的差异，二者均通过以太网实现"四遥"功能。但从内涵来看，这两者之间存在巨大的差异。其差异主要体现于信息模型和互操作性之上。从信息模型上来看，IEC 61850能够按照统一的数据模型连通各设备。从互操作性上看，不同厂家的智能电子设备（Intelligent

Electronic Device，IED）装置之间都存在一定的互操作性。数字变电站的过程层由电子互感器、智能单元以及智能传感器等装置构成，除此之外，该层还使用了面向通用对象的变电站事件（Generic Object Oriented Substation Event，GOOSE）网络跳合闸机制。

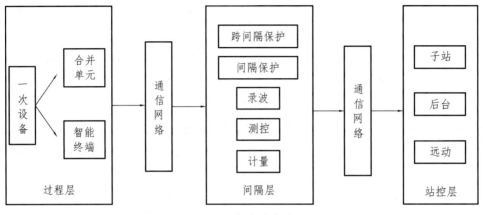

图 1-3　数字变电站

1.6.3　智能化变电站

智能化变电站的数据采集、传输以及控制等过程均已实现数字化，该技术的实现主要源于数字变电站。智能变电站主要是为了满足智能电网对变电站所提出的要求，并且兼顾了坚强、安全、可靠和集成等高级的互动功能。智能变电站所具备的优点主要体现于其既能够实现不同厂家设备之间的相互操作，还能够有效地处理传统电磁式互感器磁饱和状况，并对二次回路问题进行解决。除此之外，智能变电站还可以处理由控制电缆所造成的电磁干扰问题，实现变电站电气一、二次设备状态检修。上述特点不仅能够有效地保证变电站的安全运行，还能够有效地节约智能变电站全寿命周期内的总投资。

相比于传统变电站，智能化变电站能够通过通信平台控制变电站内的一、二次侧设备，实现了对设备统一操作。并且，智能化变电站的智能终端就地化，并使用光缆替代变电站中的二次电缆，从而减少二次电缆使用量。跳闸方式也进行了改变，保护装置出口改用软压板进行投退。此外，智能化变电站应用了 IEC 61850 标准，使得保护等二次设备能够进行远程操作。相比于数字变电站，智能化变电站的一、二次设备间界限更加模糊。同时，智能变电站具备更加丰富与标准化的监测系统。

1.7   智能化变电站关键技术分析

智能化变电站由于引进了前沿的科技手段，使得变电站自动化系统的自动化程度显著提高，能够实现对站内信息的实时获取和高度共享，集成了传统变电站的各项功能，并实现了各项功能的重构和灵活分布。以数字化信息技术的使用改变了传统变电站的整体架构，使电网内设备信息之间的交互能力得到显著提高，从而实现分层控制管理，提高资源利用效率和电网运行的可靠性。但是目前智能变电站的使用的技术还不能完全满足智能化变电站建设的需要，必须打破技术之间的壁垒，实现多种技术的有效融合，才能真正实现变电站设备的信息数字化和功能集成化。以此为出发点，下面具体对智能化变电站的软硬件技术、信息管理存储技术以及分布式电源接入、保护控制技术进行介绍分析。

1.7.1   硬件的集成技术

在以往的变电站建设过程中，变电站的信息采集和信息处理都是通过中央处理器与外围芯片或设备的配合来完成的，相关数据的计算和分析都集中在中央处理器中，中央处理器的工作性能直接决定了所有变电站工作的质量。这样很容易造成中央处理器在处理信息数据时，无法做到及时有效。随着技术的发展进步，智能化变电站的硬件设计越来越模型化、自动化和模块化，这就使得智能化变电站在进行硬件设计时，可以针对不同板块的技术要求，进行模块化设计，从而解决信息数据处理过程中过于集中、低效的问题，使信息的处理和计算更加实时，从而保障智能化变电站信息处理和传输的及时有效。

1.7.2   软件的构件技术

在智能化变电站的建设过程中，智能化变电站软件的构件设计，是保障电网信息传输和测量、控制实时、迅速的有效手段。在设计过程中，针对智能化变电站的发展需要和电力网络的运行规划，在智能化变电站和电力管理部门之间进行智能化变电站软件构件的安装设计，可以使电网信息在变电站和管理部门之间形成远程信息传输，实现变电管理部门对电网运行中的问题进行远程维护和管理，并根据智能化变电站的智能修复和处理技术，对相关问题进行自我处理和修复，实现变电站系统和设备系统模型的自动重构等功能。

1.7.3　信息的管理存储技术

信息的储存是进行电网管理的重要依据，信息的准确采集和安全传输是当前电网运行过程中容易出现问题和需要提高水平的重要环节。智能化变电站在信息采集和传输过程中，如遇到意外情况和干扰因素，可以根据其自我修复和自我处理功能对相关问题进行自我解决，从而保障信息采集的准确性和传输的安全性，使电力管理部门获得的电力信息更加科学、准确。

1.7.4　间歇性分布式电源接入技术

风能、太阳能等清洁能源，具有如下特点：储量丰富地区大多较为偏远；能量不够集中，相对分散；受气象变化及生物活动的影响，能量波动明显，用于发电则呈现出间歇性波动特性等。因此，清洁能源可再生并网发电（称为间歇性电源）直接接入电网，将对电力系统运行的安全性、稳定性、可靠性以及电能质量等方面造成冲击和影响，对电力系统的备用容量提出更高要求。另外，间歇性电源发电装置需按峰值功率设计投资，在能量波动大的情况下，装机容量的可利用率低。如何解决能量波动问题，是间歇性电源发展和利用面临的主要挑战。智能化变电站作为间歇性电源并入智能电网的接口，必须考虑并发展对应的柔性并网技术，实现对间歇性电源的功率预测、实时监视、灵活控制，以减轻间歇性电源对电网的冲击和影响。

1.7.5　分布式电源的保护控制技术

分布式电源的应用使电网的灵活性得到显著提高,将传统的单电源辐射网络改变为多源网络。但分布式电源的使用也打破了原本保护设备之间的配合关系,因此对分布式电源的保护算法的研究是智能变电站的关键技术之一。其保护控制策略与常规变电站不同,需要针对分布式电源双向潮流流动和内部电力电子设备大量引入等特点进行设计,应包括权限速动保护、低频减载保护、低压保护等措施。制定保护策略时要注意与主网架的保护定值的配合,必须采用自动同期控制和重合闸控制配合的方式。

1.7.6 标准融合

智能电网在运行过程中,需要采集的信息种类繁多,传输渠道也较为复杂,数据信息在设计理念、算法、模型上的差异导致网内的信息差异巨大,难以实现交互利用。所以需要对信息标准进行融合,其核心是实现信息模型的规范化。信息标准融合技术的实现首先要开放通信架构,使元件间的信息能够进行网络化通信。然后,细化模型机构,对其进行扩充,做出标准化规定。其次,统一技术标准,形成多规约库,从而实现不同通信系统之间的无缝通信。目前智能变电站使用的统一信息标准有 IEC61850、IEC61968 等。

2 智能化变电站巡检技术

运行维护是保障电力系统安全可靠运行的关键措施。变电站作为电力系统中承担传输电力、变换电压和分配电能任务的重要设施，其运行维护工作的重要性不言而喻。长期以来，变电站的巡检工作由人工完成，随着电力系统的快速发展，电网公司的巡检工作面临巨大的压力。与此同时，传统的人工巡检模式的不足也日益凸显，如劳动强度大、巡检效率低、人工成本高、安全风险高等，基于以上考量，人工巡检模式已经不再能够适应现代电力系统的发展需求。因此，如何在无人值守的情况下提高供电的可靠性，这是对变电站巡检人员的一个严峻的考验。

2015 年，中国电力科学研究院在发布的电网运行统计分析报告中指出，每年因为变电站设备的漏检、误检等造成的直接经济损失高达 40 多亿人民币，这一庞大的数字背后其实隐藏着一个不容忽视的问题。究其原因，是目前变电站巡检方式依然是传统的人工巡视。由于运维人员素质参差不齐，其责任心、业务水平、身体状况、精神状态等诸多因素都会影响到设备巡检结果的质量，从而导致漏检、误检情况时有发生。综上所述，目前仅靠人工巡检变电站设备已经无法满足越来越高的变电站运行要求，智能机器人结合甚至代替人工巡检必将成为未来电网发展的一个重要方向。

随着智能电网的发展和变电站无人值守的逐渐发展，用于变电站设备检测的巡检机器人应运而生。近十几年来，我国开展了巡检机器人的研究与应用，并且取得了可喜的成绩，但是，从实用角度来看，目前的巡检机器人系统还难以自主完成巡检任务，主要是由于巡检机器人自主导航能力不足。巡检机器存在以下问题：

1. 局部定位精度低

由于没有高精度的局部定位功能，现有的变电站巡检机器人无法准确知晓自己的实时定位，往往只能按照固定的路线巡检，更无法根据现场情况对路线进行灵活的规划与调整，因此影响了巡检的灵活性和效率。

2. 对复杂的现场环境的适应性不强

变电站巡检工作环境复杂，机器人在巡检时可能会遇到放置安全围栏和人员走动等存在障碍物的情况，变电站巡检机器人在巡视过程中还不具备及时发现和避让障碍物的能力，因此无法及时准确地应对环境变化。这些情况说明，现有巡检机器人只适用于路线固定的简单干净的路面，对于复杂环境的适应性不强。

3. 自主处理突发情况的能力不足

由于机器人不具备对于传感器信息的理解能力，即使获得了道路环境信息，也无法对所处的道路环境进行判断，通常只能盲目地根据地图、引导线等行驶，而无法根据实时的道路情况进行调整，遇到问题往往需要人工干预，而自主处理突发情况的能力不足。

尽管现有的巡检机器人存在上述不足，但利用机器人代替人工巡检仍然势在必行。一方面，随着科技的进步，网络通信技术、信息处理技术、人工智能技术、大数据技术、导航技术、电力电子技术等快速发展，为开发高度智能化的具有自主导航能力的电力巡检机器人提供了众多支持，国内目前所研究的自主导航技术，综合了计算机视觉、人工智能、传感器融合等多门学科，将为新型电力自主巡检机器人的实用化和推广应用提供技术支撑。另一方面，利用机器人代替人工巡检必定是未来的发展方向，研究开发拥有自主导航能力的变电站巡检机器人，使其能够通过自身传感系统感知变电站道路环境，自行规划行车路线并控制车辆到达预定目的地，可以大大提高机器人的巡检效率、拓宽其作业范围、提升其工作能力，这将使电力巡检技术向实用化方向迈进。

2.1　变电站环境分析

2.1.1　环境特点分析

变电站环境特点是构建环境地图模型的决定性因素，变电站巡检机器人的尺寸、导航定位方式以及活动的空间自由度等都将取决于变电站的实际环境，因此特种环境的专业分析对于地图选型与构建有重大意义。变电站是集中与分配电力以及控制电力流向的枢纽型场所，根据实际变电站规划所实现的功能与建筑特点，可以分析出变电站具有如图 2-1 所示的四个重要特点。

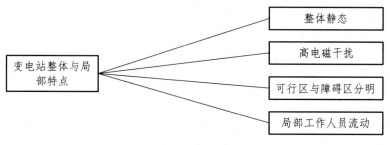

图 2-1 变电站特点

2.1.1.1 整体静态

大型变电站较多采用户外常规建设模式，依其功能目标组装一系列一次与二次设备，设备之间按照功能拓扑决定的物理链接依序排布，布线整齐安全，整体建筑规整美观、结构紧凑。变电站规划地图是以人类建设视角创建的，各项建设工作以规划地图为准开展，最终得到的变电站建筑布局对于变电站巡检机器人来说为整体静态环境。

2.1.1.2 高电磁干扰

变电站由于存在高压输电线路以及一、二次设备等，会出现各类电磁现象，比如电场、磁场以及放电现象；户外变电站的高压线路或汇流排会产生工频电磁场；在实际操作中会出现瞬时雷电冲击与操作冲击。种种电磁干扰使得变电站电磁环境变得复杂而恶劣。

2.1.1.3 可行与障碍区分明

变电站建筑设计规整，可行道路与设备区划分明确，道路区为无障碍环境，高压设备危险区树立安全标识牌作警示。变电站安全区配备机器人专属充电室，充电室内的自动充电系统能够实现巡检机器人的电量监测与补充，机器人内置自动门禁系统控制器。变电站巡检机器人从充电室出发开始巡检工作，在道路区行驶，在指定设备巡检点停驻以完成摄像、测温、拾音等功能，在整个过程中需要同危险区保持安全距离。部分路段规划狭窄至 1 m，对巡检机器人的机身结构、传感器以及定位精度提出了新的约束与要求。

2.1.1.4 局部工作人员流动

变电站整体建筑与设备的不动性使得整体环境为静态，但变电站内工作人员的行为活动，如设备操作与检修等可能导致局部道路不可通行。这种局部动态变化无法事先体现在地图模型中，只有通过实时的地图局部重建才能够完成对整体环境的监测与记录，这也就表明环境地图信息将以半模式化的数据方式进行存储与改写。

分析以上几个特点可以得出，变电站巡检机器人虽然能够解放人力，高效率地完成巡检工作，但变电站的特殊环境对巡检机器人的机械构造与行为规范造成了新的约束。例如在高电磁干扰的情况下应谨慎选择机器人通信方式与传感系统，再如狭小空间内的定位精度要求更加精确。只有通过对既有环境约束条件的全面分析，才能构建使变电站巡检机器人能够有效感知周围信息的环境地图模型。

2.1.2 巡检机器人与环境交互关系

变电站机器人巡检的过程即是机器人在运动状态中从外界环境获取信息的过程。巡检机器人需在变电站环境中实现以下基本功能：

（1）按照预先设定的路线自主行走，识别路标、避开危险区且要求较小的路线偏移误差。

（2）配合定位系统完成机器人在环境地图中的高精度定位，并将定位信息上传于上位机。

（3）精确识别工作点及其设备，在安全的停驻点完成对各类设备的相关信息采集；与上位机实时通信，上传采集信息。

（4）安装可监测电量的供电系统，当电量不足且留有余量时自主规划返回充电室的路径。

由以上基本功能分析出巡检机器人与环境的信息互动关系如图 2-2 所示。

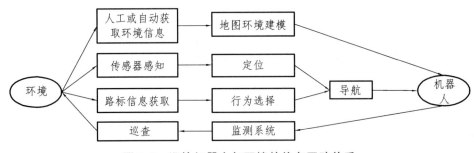

图 2-2 巡检机器人与环境的信息互动关系

由图 2-2 可以看出，要实现变电站巡检机器人的各项功能，定位与导航方式是关键要点，且导航过程中机器人位姿以及运动方向需要加以约束与限制；巡检点也应合理设计，尽量避免设在机器人行为改变之地和路况复杂路段。

2.2 环境地图模型的建立

在研究机器人路径规划问题的过程中，首先需要解决的问题就是对机器人所处的工作环境进行处理，将现实存在的物理环境转换成机器人可以识别的信息，建立机器人工作的环境地图模型。这是实现路径规划算法的基础，也是机器人实现导航定位的基础。机器人能够自主移动的基本条件是对机器人所处工作环境的精确建模，巡检机器人工作场所是真实的物理环境，因此首先需要了解全局环境信息，建立环境模型，然后对周围环境进行抽象处理，得到计算机可以分析的数据。环境地图可以概括分为静态环境地图和动态环境地图：静态环境地图就是全局地图，是已知的，地图内部障碍物都是固定不变的；动态环境地图就是在全局已知地图的基础上，在地图中某一部分可能出现未知的动态障碍物的地图。环境建模可以将实际环境与计算机很好地连接起来，将现实环境的信息转换成计算机可以处理的数学模型。

构建环境地图模型的意义就是：将真实的空间转换为可计算的抽象空间。环境地图包含大量的准确位置信息，如起点、终点、障碍物等，并可将物体在实际空间中的准确信息表示出来。经过长期的研究，针对巡检机器人空间环境的表示，研究人员已经提出了以下四种方法。

2.2.1 可视图法

在可视图法的实现过程中，机器人被视为一个点，障碍物被视为不同形状的多边形。连接多边形障碍物的每个顶点，并将起点、目标点与之连接。确保起点与障碍物的每个顶点之间、目标点与障碍物的每个顶点之间、障碍物的每个顶点之间的连线不能穿过障碍物，即该连线是无障碍连接的。将权重分配给图形中的边，以构建可见图。然后，使用某种路径规划算法来寻找从起点到目标点的路径，并且通过对这些线的权值进行累加和比较，得到从起点到目标点的最短路径。图 2-3 为采用可视图法建立的环境模型。

由此可见，采用可视图法寻找机器人的行进路径，主要是实现对移动机器人所处环境的可视图建模。而想要利用可视图法对变电站环境进行建模，必须要能够判断障碍物每个顶点之间是否可见。所以，可视图法对复杂环境难以描述，针对变电站环境的特点，若采取可视图法建模会大大提高建模的复杂度，导致算法搜索效率低。

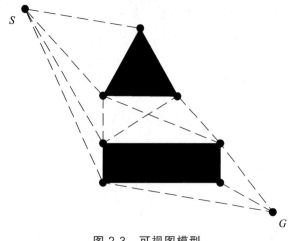

图 2-3 可视图模型

2.2.2 拓扑地图法

通过拓扑地法建模就是根据不同拓扑特征的机器人子空间建立相应的拓扑网络。在该模型中，每个节点对应于机器人环境中的各个地点。如果节点之间存在通路，便可找到规划路径。拓扑地法建模的思想是将机器人在复杂高维几何空间中的路径规划问题，通过用降维的方法，转变成在简单低维几何空间中，对的连通性进行判断的问题。图 2-4 为某地形的拓扑地。

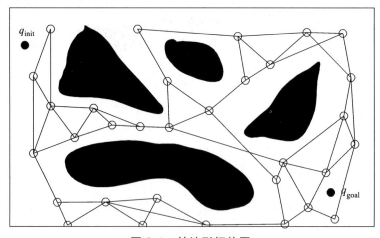

图 2-4 某地形拓扑图

该方法的缺点是：由于位置的精确性不够，会导致定位精度较低。当环境很相似时，无法区分移动机器人是从哪条路径到达该节点。且传感器信息不清晰时，很难实现环境的拓扑建模，而且拓扑法建模对视角敏感，可能找到的路径不是最佳的路径。

2.2.3　自由空间法

自由空间法创建环境模型，运用于移动机器人的全局路径规划，其本质是将环境区域抽象为两大部分，包含障碍物的非自由空间和无障碍的自由空间。自由空间通过事先设定的凸多边形或者广义锥形构建，并将其表达成互相连接的图，在此模型上可通过搜索寻找全局最优路径。自由空间法按照划分方式的不同可分为凸区法、三角形法、广义锥法三种。

自由空间的构造方法是：首先选择障碍物的一个顶点作为起始节点，顺次连接障碍物的其他顶点，作为连通线，其次将图中无用的连接线删除掉，并保证障碍物和连通线构造出的所有自由空间占用区域的最大化，最后将每个连通线的中点也进行相互连接，形成的网络路线图就是移动机器人可参与路径规划的路线，如图 2-5。该方法具有构建灵活的优点，并且当起始点和目标点的位置或者姿态发生改变时，不需要对地图模型进行重构。但它也有缺点，该方式的复杂程度和障碍物的个数呈现正比例关系。在相对狭窄的自由空间领域内，在机器人路径偏移误差最大化的情况下，也可以保证机器人不与障碍物相碰撞；但是在其他情况下，如果构建的路径偏离机器人要到达的目标点太大，就会很难实现全局路径最优化。另外，自由空间在二维空间下路径规划性能较好，但是在三维及更高维数的空间中，其构建和计算复杂度都大大增加，因此很难扩展到超过二维的空间。一般情况下，路径都是曲折复杂的，对机器人的运动不利。因此，自由空间法主要适合于对移动机器人路径规划精确度需求不严格、移动速度较慢的情况。

2.2.4　栅格地图法

通过栅格法建立模型，就是将机器人所在的环境描述为多个简单的栅格区域，而机器人及障碍物则用栅格来描述。然后通过使用路径规划算法，我们便可以在栅格模型中找到一条从起始栅格到目标栅格的最优路径。栅格地图相比其他几种建模方法具有效率高、精度高、易于实现等优点。图 2-6 是直角坐标系下的栅格地图模型。其中灰色是可设置的起始点和终止点。栅格地图是将障碍物和移动机器人考虑成小方格，将移动机器人所处环境中的事物进行二值化处理，即黑色值为 1，白色值为 0，灰色值也为 0。每个区域位置都有唯一对应的坐标。

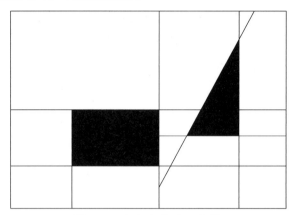

图 2-5   自由空间法示意图

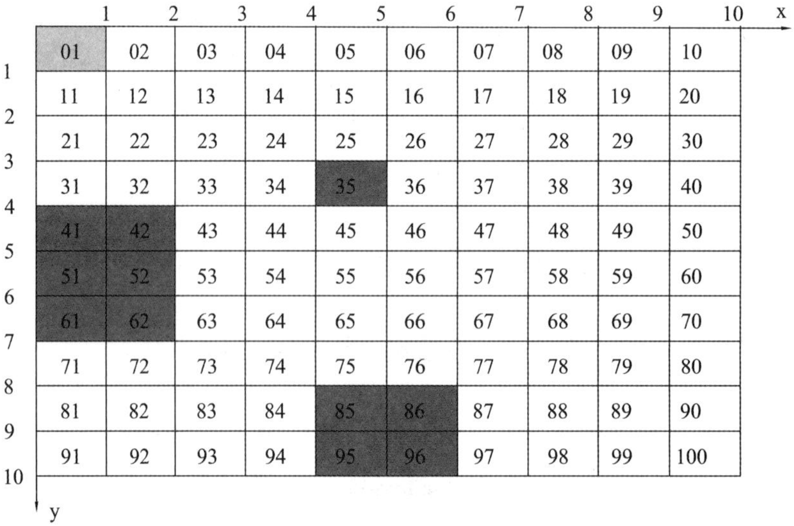

	1	2	3	4	5	6	7	8	9	10	x
1	01	02	03	04	05	06	07	08	09	10	
2	11	12	13	14	15	16	17	18	19	20	
3	21	22	23	24	25	26	27	28	29	30	
4	31	32	33	34	35	36	37	38	39	40	
5	41	42	43	44	45	46	47	48	49	50	
6	51	52	53	54	55	56	57	58	59	60	
7	61	62	63	64	65	66	67	68	69	70	
8	71	72	73	74	75	76	77	78	79	80	
9	81	82	83	84	85	86	87	88	89	90	
10	91	92	93	94	95	96	97	98	99	100	

y

图 2-6   栅格地图模型

电站主要设备分布为：500 kV 气体绝缘金属封闭开关设备（Gas Insulated Switchgear，GIS）设备区、继电器室、配电室、主变压器、冷控柜、220 kV GIS 设备区、主控楼、无功补偿装置、机器人的充电区域等。其相应的静态环境模型如图 2-7 所示。

根据变电站的静态模型图可知：一方面，变电站环境中的设备和路径区域都是静态的，可将其位置进行一一对应；并且每部分设备区域可以对应成栅格地图中的障碍区域。其中，栅格地图中的每个栅格要么是在自由区域中，要么是在障碍区域中，对于混合栅格点（即一部分在自由区域另一部分在障碍区域），在这里为了机器人运动安全考虑，便将混合栅格点设置为障碍区，以此来区分障碍区和自由区。另一方面，变电站巡检机器人在巡检过程中，对障碍物要识别准确，避免碰撞，且路径要尽可能最短，结合可视图法和拓扑地图法建模的特点，二者地图模型的精确性不够，且实现变电站建模复杂，在一定程度上不适合变电站模型的创建，所以变电站环境模型采用栅格地图法建模更合适。采用栅格地图法，根据静态模型中设备分布建立变电站的环境模型图如图 2-8 所示。

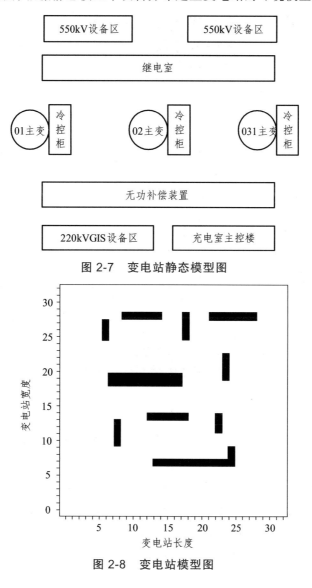

图 2-7 变电站静态模型图

图 2-8 变电站模型图

2.3 环境感知技术

变电站智能巡检机器人主要的功能包括定位导航、路径规划、故障检测、远程控制等。上述功能主要依赖智能巡检机器人的三大核心能力：控制能力、环境感知能力以及动作行为能力。其中，环境感知能力是智能巡检机器人研究的关键点和难点。环境感知能力主要指巡检机器人通过传感器获取周围环境信息的能力，比如使用激光雷达进行环境建模，实时利用陀螺仪输出智能机器人导航信息，利用视觉仪器对设备、环境进行识别等。巡检机器人利用环境感知技术能够更好地理解周围环境从而进行避障和路径规划。巡检机器人的环境感知技术包括基于激光的感知方法和基于视觉的感知方法等。常用的环境感知方法是基于激光的方法。这类方法可以使得巡检机器人快速获得周围物体的信息，但是却不能使其理解身边的环境情况，如前方障碍物类别、前方道路的具体情况等。这说明基于激光技术的巡检机器人环境适应力相对较弱。随着图像算法研究的不断深入，基于视觉的感知技术被应用在巡检机器人上。国内外学者对图像分割和识别算法在巡检机器人上的应用展开了深刻研究，基于这些研究的巡检机器人可以完成更加高级的任务，如仪器仪表的识别、故障设备的检测。然而，变电站巡检机器人往往在复杂的环境中执行任务。这些复杂的环境包括：巡检机器人行动时会遇见行动不定的人、突如其来的障碍物、气候变化导致的路况环境变化等。面对这些复杂的变电站场景，使用传统的图像分割和识别算法虽然有一定的效果，但是还不能完全满足巡检任务的需求。随着计算机计算能力和储存能力的提高，越来越多的学者开始研究以深度学习为代表的人工智能算法。在计算机视觉领域中，一些与图像相关的复杂问题逐步被解决。基于深度学习算法能够极大地增强智能巡检机器人的环境感知能力——提高识别与检测任务的精度，以完成更为复杂的任务。

环境感知技术是机器人实现路径规划以及执行特定任务的基础和关键。环境感知是指机器人利用自身配置的一系列传感器对周围环境信息进行捕捉获取，然后通过特征提取和处理，建立周围环境的数学模型表达。根据不同的传感器，机器人会获取周围信息的不同表示。同时，依据传感器的类型不同，机器人环境感知方法分为：基于激光雷达的感知方法以及基于视觉的感知方法。上述方法都可以帮助巡检机器人完成路径规划。

2.3.1　基于激光的环境感知方法

基于激光的感知方法可以快速获取远距离物体的信息，包括位置、大小等。激光具有传播速度快、抗干扰性强的特点。在面向室外的变电站环境中，有很多静止或运动的物体，如变电站杆塔、设备、变电站值班人员等。想要在较为复杂的环境中安全行驶，机器人需要具备检测和跟踪障碍物的能力。激光感知技术可以获取机器人和周围障碍物的位置、相对距离、相对速度等信息，是机器人实现避障、自定位和路径规划等高级智能行为的必需品。激光感知技术是通过激光雷达发射激光束来探测目标位置的非接触式测量系统，向目标发射探测信号，然后通过比较从目标反射回来的信号与发射信号的时间差来测量距离，经过处理即可获得目标的有关信息，如目标距离、方向、高度、速度、姿态、形状等参数。本节主要介绍两种激光雷达测距的原理。

2.3.1.1　三角测距原理

激光雷达的三角测距原理图如图 2-9 所示。A、B、C 是三个不同距离的被测物体，A'、B'、C'是 A、B、C 三个物体在同一点测距时反射到接收器上的点。激光发射器发射激光，当激光照射到物体上后根据光的反射定律，从物体上反射出一个反射光束，反射光束由线性电荷耦合器件（Charge Coupled Device，CCD）接收。激光发射器和接收器在不同的位置，有一定的距离，根据光的反射定律，不同距离的物体反射到接收器上的光线就会在 CCD 上不同的位置。最后根据三角公式就可以推导出被测物体距离激光雷达的距离。

2.3.1.2　飞行时间测距原理

激光雷达飞行时间（Time of Flight，ToF）测距的原理图如图 2-10 所示。从激光发射器发出激光束时，计时器开始计时，到激光接收器接收到被测物体返回的激光束为止，计时器记录了激光的双向飞行时间。测点与被测物体的距离如式（2-1）所示。

$$l = \frac{v \times t_{\mathrm{f}}}{2} \tag{2-1}$$

式中：v 为激光在空气中的速度（m/s）；t_{f} 为激光束的飞行时间（s）。

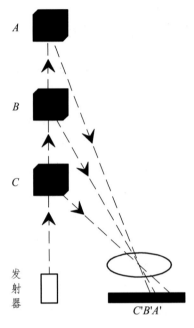

图 2-9   三角测距原理

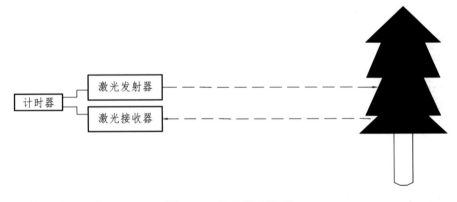

图 2-10   ToF 测距原理

ToF 测距方式的原理比三角测距更简单，但是实现难度相对较大。ToF 测距的发射激光为脉冲激光，出射光的脉冲上升沿越快激光测距的效果越好；三角测距的发射激光为连续激光，对激光发射驱动器要求不高。综上，当激光雷达感知环境半径小于 3 m 时，三角测距激光雷达的误差小于 ToF 测距激光雷达的误差。在变电站这样的室外环境下，ToF 测距激光雷达比三角测距激光雷达有更好的适用性。

2.3.2   基于视觉的环境感知方法

基于视觉的环境感知方法主要包含检测方法和语义分割方法。巡检机器人可以通过检测方法来实现周围环境的感知并且制订下一步行动计划。但是检测方法只能使得巡检机器人粗略地理解场景，而语义分割方法因其逐图像分类的优势可以更加精确地让巡检机器人理解周围环境。因此，本小节主要介绍语义分割方法。

机器人通过视觉传感器采集路况信息，根据不同的语义或形状信息将整幅图像划分成不同的区域块，并且逐像素地推理出这些区域块的类别，最终生成一幅具有逐像素语义标注的分割图像。

语义分割架构一般都用卷积神经网络（Convolutional Neural Networks，CNN）为每个像素分配一个初始类别标签。模型包含卷积层、池化层和上采样层。卷积层和池化层的作用是精确化地学习原始图像特征，而上采样层的作用是将学习后的特征大小还原至原始图像大小。卷积层可以有效地捕捉图像中的局部特征，并以层级的方式将许多这样的模块嵌套在一起，这样 CNN 就可以试着提取更大的结构了。通过一系列卷积捕捉图像的复杂特征，CNN 可以将一张图的内容编码为紧凑表征。但为了将单独的像素映射给标签，我们需要将标准 CNN 编码器扩展为编码器-解码器架构。在这个架构中，编码器使用卷积层和池化层将特征图尺寸缩小，使其成为更低维的表征。解码器接收到这一表征，通过转置卷积执行上采样而恢复空间维度，这样每一个转置卷积都能扩展特征图尺寸。在某些情况下，编码器的中间步骤可用于调优解码器。最终，解码器生成一个表示原始图像标签的数组，如图 2-11 所示。

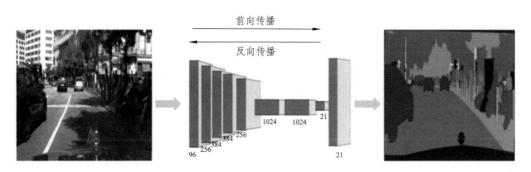

图 2-11   语义分割网络

2.4   高精度自主导航技术

自主导航技术是智能化变电站巡检技术最为核心的技术，自主导航功能主要是通过众多的车载传感器实现的，传感器负责采集机器人所需要的信息，包括感知机器人在局部或全局环境下的位姿、机器人周围环境等，并对这些信息分析处理，为机器人的安全行驶提供及时可靠的决策依据。目前，使用较为广泛的自主导航技术大致有五类：基于全球定位系统（Global Positioning System，GPS）的自主导航、基于磁传感器的自主导航、基于惯性导航的自主导航、基于视觉的自主导航和基于激光雷达的自主导航。

2.4.1   基于北斗卫星系统的自主导航技术

北斗卫星导航系统（BeiDou Navigation Satellite System，简称 BDS）是中国自行研制的全球卫星导航系统，也是继 GPS、GLONASS 之后的第三个成熟的卫星导航系统。北斗卫星导航系统（BDS）和美国 GPS、俄罗斯 GLONASS、欧盟 GALILEO，是联合国卫星导航委员会已认定的供应商。只要在机器人或无人车上配置信号接收机即可为机器人提供连续、实时的三维位置和三维速度及时间信息。相比于其他的定位方式，北斗系统的优势在于可以提供实时的全球全天候的全局定位信息，且定位精度较高。

然而基于北斗卫星系统自主导航技术的动态性能和抗干扰性能较差，尤其在高楼、桥梁等设施遮挡甚至屏蔽需要接收的卫星信号时，系统几乎无法继续运行。并且在智能化变电站中，除了可能被电力杆塔等设施遮挡信号外，还有可能受到电力设备所发出的电磁信号干扰。

2.4.2   基于磁传感器的自主导航技术

基于磁传感器的导航方法是发展较为成熟的导航方式，目前已有的变电站机器人大多使用该方式进行导航。它可以通过在地面铺设磁轨道或者装置射频识别技术（Radio Frequency Identification，RFID）标签来进行较为准确的导航与定位。该方法利用车载传感器感应磁信号，从而引导机器人沿着规定的轨道行驶。

磁传感器导航技术具有结构紧凑、易于操作、导航精度高、抗干扰强、灵敏度高等优势，在能够铺设轨道的情况下无论外界情况如何都可以工作，且该技术已经十分普及且较为成熟了。但是其缺点也十分明显，由于需要铺设固定的磁轨道，因此机器人只能按照单一的路径移动，灵活性较差，当需要改变路线或者扩建变电站时，均需要重新埋设轨道，后期维护和扩展的工作量大。

2.4.3　基于惯性导航的自主导航技术

惯性导航是一种不依赖外部信息的自主性导航，其主要的实现算法为航位推算法。它通过将载体当前的航向和速度与上一时刻的位置相结合，推算出当前时刻的位姿，并得到载体的行驶轨迹。

惯性导航的优势在于完全自主而不受外界环境以及人为因素的影响，仅利用自身携带的测量部件进行位置和速度的观测与推求，因为不存在信号的发射与接收，所以避免了电磁波的传播问题。但因为在每一个时刻，机器人的位姿估计都与上一时刻相关，所以误差会随着使用时间而不断积累，无法保证长时间下的高精度，一般被用于辅助定位。

2.4.4　基于视觉的自主导航技术

基于视觉的自主导航技术，可以通过单目视觉或者立体视觉获取丰富的环境信息，然后通过相关的一系列图像处理步骤，检测道路、标识线、障碍物等，在机器人的实际位置被关联好的基础上完成自主导航的定位，进而引导自己行驶。

基于视觉的自主导航方式具有较高的灵活性，当智能机器人置身于新的环境中时，也只需要根据摄像机拍摄到的图像进行处理分析，而无须事先建立地图或者铺设大量的轨道，大大节约了导航成本。其缺点在于计算量较大，且容易受到如光照、阴影、烟雾等环境因素的影响，在复杂的道路环境中如何分辨道路物体，也亟待进一步研究。

2.4.5　基于激光雷达的自主导航技术

基于激光雷达的地图匹配导航方法，是在先验地图已知的情况下，机器人可以根据激光雷达获取的当前环境信息和已知的地图进行匹配，从而不断进行自身位置的矫正，是一种常用的绝对姿位的估计方法。

近年来基于粒子滤波的并行建图和即时定位（Simultaneous Localization and Mapping，SLAM）技术被广泛应用于未知环境下移动机器人和智能车辆的自主导航系统中。SLAM 技术包括地图的构建和地图的匹配两大内容。其应用的局限性比较明显：一方面，大面积的高精度的地图创建至今仍非常困难；另一方面，该方法的计算量会因为环境规模的扩大而呈现二次方增长。因此，该方法目前的主要应用环境为面积较小、结构简单的室内环境，尚不能大规模运用于室外智能车或机器人的自主导航。

2.5 路径规划

2.5.1 路径规划的概念及算法分类

路径规划的关键问题是寻找保证能量消耗最小的最短路径。变电站巡检机器人的任务是需要把变电站内主要的设备巡视一遍，所以变电站设备巡视点的全局路径规划是机器人完成巡检的前提。同时为了更好地完成巡检任务，需要对变电站地理环境进行数学建模，保证机器人在有效地避开障碍物的同时，完成变电站主要设备的巡检任务。

在电力行业的变电站中，智能巡检机器人主要根据变电站环境所建立的模型，把现实混乱的环境精简化，并利用成熟的智能算法来寻找一条最优的路径，从而执行变电站设备的巡检任务。选取的这一条最优的路线一定要适应变电站设备所在的真实地理环境，同时还要符合距离最优、拐点少、能量消耗最小、消耗的时间短等条件。

根据基本原理，路径规划算法分为传统算法和智能仿生算法。传统算法有 A*算法、Dijkstra 算法等，但是传统的路径规划算法有效率低的问题，因此人们又探索出仿生智能算法。与经典路径规划方法相比，智能路径规划算法是以智能算法为算法设计基础，在求解基于距离问题的路径规划的场景中，开发适用于工程应用的实用性算法。

旅行商问题（Traveling Salesman Problem，TSP）是数学领域中的著名问题之一。因其简单性与广泛性，常作为测试算法离散优化性能的实例。TSP 问题是指一个旅人需要在旅途中遍历 n 座城市，前提是这些城市不能重复经过并且要将出发城市作为旅途的终点，得出的不同城市排序会有路程距离上的差异，而最终实现目标则是路程最短的城市遍历排序。

由于 TSP 问题模型较为简单，容易实现，所以检测智能算法的收敛性、工程中的最短路径遍历规划，基本上都可以用 TSP 问题模型作为简易问题模型进行先发分析。本节将介绍智能算法中具有代表性且已有工程应用的优良算法：遗传算法、粒子群算法、蚁群算法作简单介绍，然后详细介绍新兴的却极具工程应用潜力的烟花算法。

2.5.2 智能路径规划算法

2.5.2.1 遗传算法

遗传算法（Genetic Algorithm，GA）是人工智能领域的一种模拟生物进化的算法，它起源自达尔文的生物进化论、魏茨曼的自然选择学说和孟德尔的遗传学说，是一种可以自我组织和自我适应的全局最优路径搜寻方法。

遗传算法在搜寻路径中运用的基本思想是，首先要建立一个初始化的路径种群。初始状态下的种群由若干条随机生成的染色体组成，每条染色体就是一条包含路径节点的路线，路线上的各个节点代表染色体上的各个基因，是对染色体的遗传编码。每条染色体的编码点数可以不同，但是必须要遵循以下准则：

（1）每条染色体的起点和终点一定是规划路线的起始节点和目标节点。

（2）每条染色体上同一节点不能重复出现，即只能出现一次。

（3）保证每条染色体都能构成一条无碰撞的路线。

初始化种群创建完毕以后，需要根据具体环境和移动机器人系统创建适应度函数，对路径进行评估，开启优胜劣汰的选择模式。将选择出的较优种群进行进化操作，包括交叉、变异，继续进行评估选择，不断循环执行，直到满足终止条件，选择出最大适应度的最优解，本次规划路径结束。

目前遗传算法在路径规划领域应用比较多，它是一种智能的随机搜索算法。它不需要了解问题的全部特点，能将比较复杂的问题简单化，具有很好的鲁棒性，并且方法简单，易于理解使用。遗传算法中初始状态下种群的选取是关键，直接关系到最终路径的最优化程度。种群规模越大，在迭代过程中，其多样性表现越优秀，算法越不容易早熟，准确度也更高。

2.5.2.2 粒子群算法

粒子群算法（Particle Swarm Optimization，PSO）是由 J. Kennedy 和 R. C. Eberhart 等开发的一种新的进化算法。PSO 算法修正了 Hepper 模拟鸟群觅食行为建立的模型，此算法基于群体迭代的搜索基础，采用所有粒子在可行解空间自主追随最优粒子的搜索策略，具有简单易行性，深刻的智能背景也为 PSO 算法提供了大量的工程应用场景。

图 2-12 为 PSO 算法的流程图，由该图可以看出，对比于 GA 算法，PSO 算法不具有交叉和变异操作。

如若在 D 维空间中，有 N 个粒子，令 $pbest_i = (p_{i1}, p_{i2}, \cdots, p_{iD})$ 表示粒子 i 个体经历过的最好位置， $gbest_i = (g_1, g_2, \cdots, g_D)$ 表示种群所经历过的最好位置。

再令 $X_i = (x_{i1}, x_{i2}, \cdots, x_{iD})$ 表示粒子 i 的位置向量，而 $V_i = (v_{i1}, v_{i2}, \cdots, v_{iD})$ 表示粒子 i 的速度向量，那么 $X_i = X_{i-1} + V_i t$ ，其中：

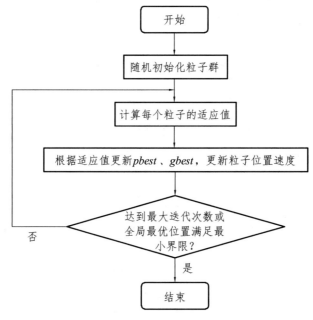

图 2-12　粒子群算法流程图

$$V_i = \omega V_i + c_1 r_1 (pbest_i - X_i) + c_2 r_2 (gbest_i - X_i) \qquad (2-2)$$

其中，参数 ω 为 PSO 的惯性权重（Inertia Weight），它的取值位于[0，1]区间，一般应用中均采取自适应的取值方法，作用为调节对解空间的搜索范围：一开始令 $\omega = 0.9$ ，使得 PSO 全局优化能力较强；随着迭代的深入，参数 ω 递减，从而使得 PSO 具有较强的局部优化能力；当迭代结束时， $\omega = 0$ 。参数 c_1 和 c_2 为加速度常数，一般设置为 1.4961；而 r_1 和 r_2 为位于[0，1]区间的随机概率值，用以增加搜索的随机性。

2.5.2.3　蚁群算法

蚁群算法（Ant Colony Optimization，ACO）是 M. Dorigo 在 1991 年提出的一种基于群体智能的启发式搜索算法。蚂蚁在寻找食物的过程中会分泌一种激素，以此来向其他同伴传递信息。信息素浓度大的地点更能引起其他蚂蚁的注意，但蚂蚁有一定的犯错概率不遵从信息素的指引。映射到计算机虚拟场景中来，蚁群寻找最短路径不仅依赖于"信息素"，而且受计算机时钟的影响。"信息素"使得蚁群有更大的概率聚集到最短路径上来，而最短路径代表着寻找有效路径效率的提高，会使得最短路径附近区域的"信息素"浓度得到正反馈式的增加。正反馈的特点有利于优势种群的保留，却易陷于局部最优，但蚂蚁的犯错概率保证了种群的多样性，使得最短路径即是全局最短。

蚁群算法的流程图如图 2-13 所示，下面介绍各步骤的具体实现。

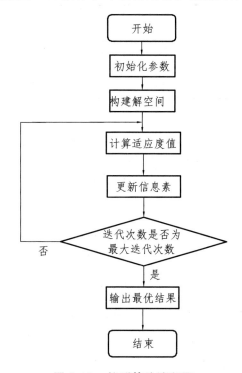

图 2-13　蚁群算法流程图

（1）初始化参数。

初始化相关参数，如蚂蚁的数量、信息素重要程度因子、启发函数重要程度因子、信息素挥发因子、信息素释放总量、最大迭代次数和迭代次数的初始值。根据经验，信息素重要程度因子一般取[1，4]，启发函数重要程度因子一般取[3，5]，信息素挥发因子一般取（0，1），蚂蚁数量一般取 10～50 只，最大迭代次数一般取 100～500 次。

（2）构建解空间。

根据蚁群算法构架人工蚂蚁系统。其主要特点是每次迭代都会更新信息素的值，并自动生成一个解。将蚂蚁系统中的各个蚂蚁随机位置于不同的出发点，对于每个蚂蚁，按照式（2-3），计算其下一个待访问的城市，直到所有蚂蚁访问完所有的城市。

$$P_{ij}^k(t) = \begin{cases} \dfrac{[\tau_{ij}(t)]^\alpha \cdot [\eta_{ij}(t)]^\beta}{\sum\limits_{s \in allow_k} [\tau_{is}(t)]^\alpha \cdot [\eta_{is}(t)]^\beta} &, s \in allow_k \\ 0 &, s \notin allow_k \end{cases} \tag{2-3}$$

式中，$P_{ij}^k(t)$ 表示 t 时刻蚂蚁 k 从城市 i 转移到城市 j 的概率；$\eta_{ij}(t)$ 表示蚂蚁从城市 i 到城市 j 的期望程度；$allow_k$ 为蚂蚁 k 待访问城市的集合；α 为信息素重要程度因子；β 为启发函数重要程度因子。

（3）记录最优路线

在所有蚂蚁访问完所有城市以后，需要计算适应度值，适应度函数如式（2-4）所示：

$$fitness = \sum_{i=1}^{n-1} D_{k_i k_j} + D_{k_n k_1} \tag{2-4}$$

式中，$fitness$ 为适应值，为恰好走遍 n 个城市再回到出发城市的距离；n 为城市的个数；$D_{k_i k_j}$ 为城市 k_i 到 k_j 的距离。

（4）更新信息素

计算各个蚂蚁经过的路径长度，记录当前迭代次数中的最优解。同时根据式（2-5）和式（2-6）对各个城市连接路径上的信息素浓度进行更新。

$$\begin{cases} \tau_{ij}(t+1) = (1-\rho)\tau_{ij}(t) + \Delta\tau_{ij} &, 0 < \rho < 1 \\ \Delta\tau_{ij} = \sum_{k-1}^n \Delta\tau_{ij}^k \end{cases} \tag{2-5}$$

$$\Delta\tau_{ij}^k = \begin{cases} Q/L_K &, 第k只蚂蚁从城市i访问城市j \\ 0 &, 其他 \end{cases} \tag{2-6}$$

式中，$\Delta\tau_{ij}^k$ 表示第 k 只蚂蚁在城市 i 与城市 j 连接路径上释放的信息素浓度；$\Delta\tau_{ij}$ 表示所有蚂蚁在城市 i 与城市 j 连接路径上释放的信息素浓度之和；Q 表示蚂蚁循环一次所释放的信息素总量；L_K 为第 k 只蚂蚁经过路径的长度。

（5）判断是否终止。

2.5.2.4 烟花算法

烟花算法（Fireworks Algorithm，FWA）在 2010 年由谭营提出，该算法受烟花爆炸时火花绽放过程的启发，模拟该行为对问题进行数学建模，通过加入随机变异操作与选择策略，设计了良好的全局搜索方法和局部优化方法，保证了群体迭代在全局范围内，并证明了烟花算法的马尔科夫过程将收敛到最优状态。

通常将求解的优化问题转化为求解如下最小优化问题，即

$$\min f(X) \quad \text{s.t.} \quad \text{g}_i(X) \leqslant 0, \quad i=1,2,\cdots,n \qquad (2\text{-}7)$$

式中，$f(X)$ 为目标函数；$\text{g}_i(X)$ 为约束函数；X 为 n 维优化变量。

一般地，烟花算法由爆炸算子、变异爆炸、映射规则和选择策略四部分组成。烟花算法运算的流程图如图 2-14 所示。

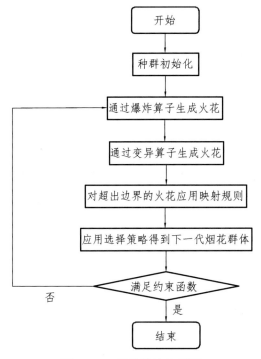

图 2-14 烟花算法流程图

烟花算法的初始化是随机生成 N 个烟花的过程，需要对生成的这 N 个烟花应用爆炸算子，产生新的火花，再依次经过变异算子、映射规则和选择策略进行迭代，直到达到终止条件。下面介绍各步骤的具体实现。

1. 爆炸算子

爆炸算子有三个重要指标：爆炸强度、爆炸幅度与位移操作。

1) 爆炸强度

在烟花算法中，产生火花个数的公式为

$$S_i = m \frac{Y_{max} - f(x_i) + \varepsilon}{\sum_{i=1}^{N}(Y_{max} - f(x_i)) + \varepsilon} \tag{2-8}$$

式中，S_i 为第 i 个烟花产生的火花个数；m 为常数，用来限制产生的火花总数；Y_{max} 为当前种群中适应值最差的个体的适应值；$f(x_i)$ 为个体 x_i 的适应值；ε 为一个极小的常数，用以避免出现分母为零的情况。

为了防止子代火花数量的无休止增长，应为其预置如下每代产生火花数量的限制公式，即

$$\widehat{s_i} = \begin{cases} round(am), S < am \\ round(am), S > bm, a < b < 1 \\ round(S_i), \text{其他} \end{cases} \tag{2-9}$$

式中，$\widehat{s_i}$ 为第 i 个烟花可以产生的火花数量；$round(\ )$ 为四舍五入取整函数；a 和 b 为给定的常数。

2) 爆炸幅度

烟花爆炸幅度范围的计算公式为

$$A_i = \widehat{A} \frac{f(x_i) - Y_{min} + \varepsilon}{\sum_{i=1}^{N}(f(x_i) - Y_{min}) + \varepsilon} \tag{2-10}$$

式中，A_i 为第 i 个烟花爆炸所辐射的范围，也是对爆炸产生的火花位置进行了限定，随机进行位移操作但只能位于该范围内；$\widehat{A}$ 为常数，即 A_i 的最大值；Y_{min} 为变量，代表着参与每一代爆炸操作的种群中拥有种群最优异适应度的个体的适应值。

3）位移操作

位移操作的意义在于为问题优化提供更为丰富的空间搜索可能性，能够有效避免搜索陷入局部最优的情况的发生。位移操作可在各个维度上修改烟花的坐标值，即

$$\Delta x_i^k = x_i^k + rand(0, A_i) \tag{2-11}$$

式中，$rand(0, A_i)$ 为产生在 $[0, A_i]$ 区间内的均匀随机数。

2. 变异算子

用 x_i^k 表示第 i 个烟花个体在第 k 维上的位置，此时高斯变异的计算方式为

$$x_i^k = x_i^k g \tag{2-12}$$

式中，g 为服从如下均值为 1，方差为 1 的高斯分布的随机数，即

$$g \sim N(1,1) \tag{2-13}$$

3. 映射规则

采用模运算的映射规则，其公式为

$$\Delta x_i^k = x_{\min}^k + \left| x_i^k \right| \% (x_{\max}^k - x_{\min}^k) \tag{2-14}$$

式中，x_i^k 表示超出边界范围的第 i 个烟花个体在第 k 维上的位置；$x_{\max}^k$ 与 $x_{\min}^k$ 分别表示第 k 维上的边界上下界；%表示模运算。

4. 选择策略

在烟花算法中，采用欧氏距离来度量两个个体之间的距离，即

$$R(x_i) = \sum_{j=1}^{K} d(x_i, x_j) = \sum_{j=1}^{K} \left\| x_i, x_j \right\| \tag{2-15}$$

式中，$d(x_i, x_j)$ 表示任意两个个体 x_i 和 x_j 之间的欧式距离；$R(x_i)$ 表示个体 x_i 和其他个体的距离之和；$j \in K$ 为第 j 个位置属于集合 K；集合 K 为爆炸算子和高斯变异产生的火花的位置集合。

个体选择采用轮盘赌的方式，每个个体被选择的概率用 $p(x_i)$ 来表示，即

$$p(x_i) = \frac{R(x_i)}{\sum\limits_{j \in K} R(x_j)} \quad\quad\quad (2\text{-}16)$$

由式（2-16）可以看出，为了保障该算法解的丰富性，也为了其能够具有跳脱局部最优解的能力，远离其他个体的火花更容易被保留。

 **设备状态智能检测与分析技术**

由于电力线路以及枢纽变电站偏远，检修只能进行间隔性巡检，不能实现"故障发生即消除"，而仅靠巡检试验无法发现深层次的故障行为，对于潜在的故障也不敏感，更无法实现"超前消除"。随着我国电力系统朝着高电压、大容量的方向发展，潜在的故障也直接威胁国家电力安全，为了保证电力设备的安全运行，电力设备在线监测是必须的，也是必要的。在线智能监测能够反映电力设备运行状态以及设备老化状态，在故障发生前及时采取预防措施，避免设备断电故障或故障的进一步扩大。

3.1　图像自主采集识别技术

随着高性能计算机的出现，计算机运算速度成几何倍数增长，这使得计算机能够更多地进入社会生产与生活中。以图像处理技术为代表的智能化新技术更带动了传统行业的进步，开启了研究领域的新大门，从而形成了一门崭新的学科。

图像处理技术在各行各业中应用众多，在学术研究上的应用也相当广泛，其理论架构上容纳了众多学科，是新兴信息知识的大杂烩。传统的图像识别技术通过获取图像、对图像进行变换转化，进而增强图像，并对部分缺失进行恢复，再压缩解码对边缘信息进行提取。近年来在新算法以及新工具的帮助下，图像处理技术的发展日新月异。随着计算机科学的发展，图像的处理技术、特征分类、配准、融合以及识别等原本基于人力的工作，都得到了长足的发展。图像处理技术在人类的智力活动的基础上通过计算机进行模仿，实现了计算机对机械重复工作的高效替代。智能图像处理技术是图像智能化处理发展的新方向，能够更好、更精确地满足人类对信息处理的要求。

图像识别流程图如图 3-1 所示。

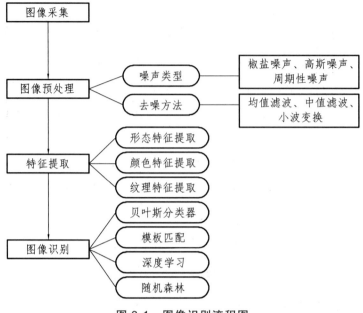

图 3-1　图像识别流程图

3.1.1　变电站图像采集

变电站巡检机器人图像自主采集系统主要由双目相机、巡检相机、机器人云台、机器人导航模块、目标检测模块、立体视觉模块、云台控制模块等组成。机器人导航模块基于 SLAM 算法进行定位，通过三维空间激光传感，创建机器人的规划路线地图，通过传感器的数据反馈实时获取机器人的位置。双目相机固定安装在机器人本体前方，采用短焦双相机，采集变电站内广角设备信息；巡检相机安装于机器人云台之上，采用可变焦距相机，通过云台运动及其焦距的变换，实现设备精细巡检图像的采集。变电站巡检机器人全自主采集系统工作时，通过双目相机获取站内实时图像，利用深度学习算法实现相机左右视场内目标设备的实时检测，根据双目立体视觉算法，实现目标设备相机坐标系空间位置信息的获取；机器人云台伺服系统，融合激光导航定位信息及双目相机获取的目标设备空间信息，实时构建目标设备位置局部完备的三维语义地图，并将该信息与机器人云台控制系统实现闭环，构建机器人云台伺服控制系统，实时控制机器人云台运动及采集相机的焦距变换，实现目标设备图像信息准确及全自主的采集过程。

3.1.2 图像的预处理

3.1.2.1 直方图增强

直方图是图像色彩统计特征的抽象表述，是图像处理中的一种重要统计特征。直方图在数学上与图像灰度密度函数十分近似，但细节上并不完全相同。直方图通过灰度分布特征间接反映图像中的内容分布。例如图像在灰度方面的分布、图片总体上的明暗对比。通过这些信息可以为图像的预处理得到有用的信息。

如图 3-2 所示，如果图像灰度过于集中，此时的处理效果会急剧下降，色度对比较差，当直方图均匀地拓展到整个分布区间内时，图像效果明显提升。

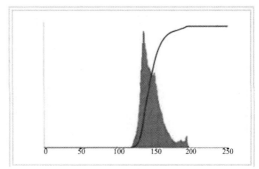

图 3-2 直方图增强

在一幅正常的自然图片中，其低值灰度区间上频率较大，而在图 3-2 中可以看出，低灰度值区域基本为零。此时图像中较暗区域基本无法得到很好的显现，可以通过直方图拉伸的方法将图像中灰度的间距拉开，以平均分配的方式拉长灰度区间，可以得到一个比较好的处理效果。

在实际图片采集时由于现场光线不足或者光线过强，图片对比度相对较小，图像的所有灰度集中在某一个区段，使图像的中心并不突出整体较为暗淡。由于图像中像素值的灰度偏低，整体看来比较暗，灰度直方图中低灰度比较高，而在高灰度值区域灰度值很低甚至为零。同样，在过度曝光的图片中灰度主要集中在高灰度值区域，而低灰度值区域很低甚至为零，这样使得图像中的众多细节特征丢失，为识别工作带来了很大的困难。为了使图像清晰并且能够尽可能地突出重点，可以通过直方图修改的方式来进行，实践证明，直方图修改是一种切实有效的方法。

在数字化图像中，以 X,Y 分别代表图像处理后灰度以及直方图处理的灰度，则直

方图均衡化的过程可以为

$$Y = T[X] = \int_0^r P_X(\omega)\mathrm{d}\omega \qquad (3\text{-}1)$$

式中，$P_X(X)$ 为原图像的直方图信息；$P_Y(Y)$ 为改变成均匀分布后的直方图。

3.1.2.2 图像去噪

图像中最常见的一种干扰就是噪声干扰，这种噪声并不是指图片被声音干扰，而是在采集设备采集过程中，受环境光以及风等的干扰，导致图像中出现类似噪声的散点干扰。除此之外还有一些硬件条件对于图像采集有一定的影响，在拍照时不同的感光度设置、不同的曝光时间以及温度的增加都会对照片有所影响。另外还有一些人为的影响因素，如不同的焦距、不同拍照距离、不同的拍摄角度都会使图像产生噪声。这些图像噪声对于图像的细节特征以及识别的关键部分都产生了干扰，严重影响了图像识别率，为分析带来了严重的困难，因此需要对图像的噪声进行预处理，使得图像满足实际的需求。图像的噪声一般有常见的几种，椒盐噪声、高斯噪声以及周期性噪声等。

1. 椒盐噪声

椒盐噪声也被称为数据丢弃噪声，因为统计上它会丢弃原始数据值。一般地，图像并没有被椒盐噪声完全破坏，只是改变了图像中的一些像素值。虽然在嘈杂的图像中，但邻域的值并没有改变，在数据传输中可以看到这种噪声。如果传输比特数为 8，图像像素值将被损坏的像素值（最大或最小像素值，即分别为 255 或 0）替换。假设矩阵的中心值被胡椒噪声破坏，即给出的中心值由 212 替换为 0。在这一点上，我们可以说，噪声是固定的像素值导致其变得或暗或亮。因此，在椒盐噪声中，逐渐变暗的像素值出现在亮区，反之亦然。

2. 高斯噪声

高斯噪声是一种常见的噪声，它所产生的概率密度函数符合正态分布。数学期望、方差以及归一化协差函数三个值决定了噪声的分布。高斯噪声产生的原因一方面是相机内部的原因，另一方面是采集过程出现高温或者曝光度不够引起的传感器噪声。

3. 周期性噪声

这种噪声是由电子干扰产生的，尤其是在图像采集过程中的电源信号中。这种噪声具有特殊的特性，如空间依赖性和正弦性，特定频率上的高能量值。它在频域中以共轭点的形式出现。它可以通过使用窄带抑制滤波器或陷波滤波器方便地去除。

高斯噪声和椒盐噪声是比较常见的两种噪声，目前将以以下几个方面对其进行处理：一方面在图像空间域，另一方面在图像频率域两者都可以用来减少噪声。空间域对噪声的处理方式主要是利用像素及邻域像素的特点来进行减噪，包括均值滤波和中值滤波。而利用某种变换，比如说傅里叶变换、小波变换，首先将图像从空间域转换到频率域，改变其变换系数再利用反变换处理实现图像的去噪，这种方法称之为图像频率域去噪方法。

由于不同的去噪方法对特定的噪声有明显的效果，因此采取多种方法来去噪，进而实现图像的预处理。

1. 均值滤波

均值滤波是一种常见的且易于实现的图像去噪方法，通过改变一个像素与下一个像素之间的强度变化量来降低图像中的噪声。均值滤波的原理是利用其邻域内像素的平均值代替图像中每一个像素值，但是它不能消除、不能代表其周围环境的像素值的效果。平均滤波通常被认为是基于内核的卷积滤波器。它通过采样的邻域的形状和大小来计算平均值。我们常用 3×3 平方内核。当然均值滤波方法也存在两个问题：一是不具代表性的值的单个像素对其邻域像素的影响比较大；另一方面，当滤波器在对边缘进行滤波时，滤波器通过在边缘上插入新的像素值，使得边缘变得模糊。如果输出中需要锐边，这可能是个问题。针对像素点 (x, y)，首先确定一个滤波器模板，常用的均值滤波器模板为 3×3 的模板，然后利用所选的模板对邻近的若干像素求平均值，将平均后的像素值赋给所处理的像素点 (x, y)，滤波处理后，这一点的灰度值为 $g(x, y)$，实现的公式如下所示：

$$g(x, y) = \frac{1}{m} \sum f(x, y) \tag{3-2}$$

式中，m 表示模板中所有像素个数。

2. 中值滤波

中值滤波是一种常见的噪声抑制非线性方法，具有独特的特性。它不使用卷积来处理具有系数内核的图像，而是在内核帧的每个位置中选择包含在帧中的输入图像的像素，以成为位于内核中心坐标处的输出像素。内核帧以原始图像的每个像素 (m, n) 为中心，并计算内核帧内像素的中值。输出图像的坐标 (m, n) 处的像素被设置为该中值。

一般情况下，中值滤波器不具有相同的平滑特性为平均滤波器。小于中值滤波器内核大小一半的特征被滤波器完全去除。尽管它们的位置可以移动几个像素，但是在中值滤波器的灰度级强度方面，诸如边缘的大的不连续性和图像强度的大的变化不受影响。中值滤波器的这种非线性操作能够显著减少特定类型的噪声。例如，可以从图像中完全去除椒盐噪声，而不会显著衰减边缘或图像特征。按照从大到小的顺序对二维滑动模板内的像素进行排列，同时生成二维数据序列，使序列保持单调一致性，得到的二维中值滤波值，计算公式如式（3-3）所示：

$$g(x,y) = med\{f(x-k, y-l), (k,l \in W)\} \tag{3-3}$$

式中，原始处理图像用 $f(x,y)$ 表示，处理后图像用 $g(x,y)$ 表示；W 表示二维模板，一般是 3×3 或 5×5 的区域，根据性状进行区分，常见的模板如线性、长方形、椭圆形等。

中值滤波对脉冲噪声处理的效果极佳，它可以保护信号的边缘，同时保证其清晰度。另外它具有简单的计算方法，更容易实现。除此之外，中值滤波在对椒盐噪声的去除方面有显著效果。但是如果图像中出现比较多的点、线和尖顶等，中值滤波容易出现自适应化的问题，这样容易出现不明显的效果。

3. 小波变换

小波变换是窗口大小确定、形状不定的一种时间频率局部化分析方法。小波滤波器允许选择性地强调或减弱特定空间频率域中的图像细节。它类似于立体声的"图形均衡器"，可以有选择地强调或减少高频、中频或低频细节。小波变换类似于快速傅里叶变换（Fast Fourier Transform，FFT），它将信号或图像分解成频率分量，也可以修改这些组件并将其转换回来以生成过滤后的图像。小波的形状没有单一的定义相反，小波是一组符合某些数学标准的波形。针对图像来说，利用小波变换同时抑制噪声中的次高频信号和次低频信号，将高频子块的信号设置为 0，去除了图像中的高频信号，实现了图像去噪的功能。

通过对不同的噪声的特点进行分析，同时也提出了不同的噪声处理办法，针对变电站设备图像中实际存在的问题，我们具体解决，为下一步图像识别的部分提供良好的数据集基础。

3.1.2.3　图像锐化

由于电力系统的独特性，监控设备一般设置在户外，通过户外的监控设备与网络进行传输后很多外界因素会使图像变得模糊。这种由于传输过程造成的模糊是图像处理中常见的问题，需要经过一系列数学运算来抑制或者减小模糊程度，这种方法被称为图像的锐化处理。对图像进行锐化处理的主要目的为抑制模糊，图像在平滑处理以及其他过程中，损失了边缘细节，通过加强图像边界和图像细节，可以极大地抑制采集传输过程中产生的模糊。当然，对于进行锐化处理的图像具有一定的要求，为了避免在锐化处理后图像的质量下降，通常要求待处理的图像具有很高的信号噪声比，即防止锐化处理将图像原有的噪声受到比信号还强的增强。在图像处理过程中，一般都是在锐化处理之前先进行图像平滑，经过平滑处理的图像可以尽可能地减少被锐化增强的干扰噪声，这样能够达到最好的预处理效果。

图像的锐化技术可以在不同的方式下进行，在空间中进行时可以对图像进行差分处理，在频域中进行时可以对图像采用高通滤波器处理。图像是各向同性的，不论什么样的边界条件或者线条，只要大小相同，锐化处理的算子的输出均相同。数学证明可以得出数字图像中的偏导数平方和在任何方向上都是同性的。

3.1.2.4 图像边缘检测

图像的边缘虽然范围较小，却往往包括重要的信息。在图像识别技术中，图像边缘的检测尤为重要，能广泛运用于图像的配准、分类以及识别中。在一般图像中，图像亮度变化最为显著的部分被认为是图像的边缘，这区别于图像通常意义上的物理边缘。通常，在图像的边缘，灰度不会越级分布，不会从一个灰度级别跳跃到另一个灰度级别，灰度在实际图像检测中变化较快而呈现斜坡状。通常边缘产生于目标、背景以及不同区域之间，因此，可以利用图像的这些特点进行边缘检测，同时图像边缘检测技术也是图像分割、形状特征提取等后续工作的基础。

边缘图像由于其在图像中的特殊位置，往往能够体现图像的某些重要特征，物体的形状结构、外部的环境光照和物体的表面对光线反射造成的图像边缘部分的灰度级别以及颜色剧烈变化。在这些边缘像素中通常蕴含着识别的重要信息，往往能够直接反映物体的轮廓以及外部拓扑连接结构。图像边缘检测技术在工业生产中应用广泛，在工业监测图像分割运动监测以及模式识别等方面都有应用，对图像边缘信息的有效提取，直接影响了在线监测以及识别的效果。

3.1.3　特征提取

特征提取是降维的过程，通过该过程，初始的原始数据集被简化为更易于管理的组以进行处理。这些大型数据集的特征是需要大量计算资源来处理的大量变量。特征提取是选择或将变量组合到特征中的方法的名称，其有效地减少了必须处理的数据量，同时仍然准确和完整地描述了原始数据集。当需要减少所需处理的资源数量而不丢失重要或相关信息时，特征提取过程非常有用。特征提取还可以减少给定分析的冗余数据量。此外，数据的减少和机器在构建变量组合（特征）方面的努力有助于提高机器学习过程中的学习和概括步骤的速度。特征提取经常实际用于自动编码器、自然语言处理以及图像处理。

在图像处理过程中，主要是利用相应算法对数字图像或者视频中的形状、边缘或者运动等特征进行提取。我们从不同的角度可以将特征分为功能性特征、抽象特征，以及特定功能特征，其中：功能性特征包括颜色、边缘、纹理等；抽象特征包括像素级特征、局部特征、全局特征；特定功能特征分为低级特征和高级特征。

3.1.3.1　形状特征提取

基于形状的图像检索是对由其特征表示的形状之间相似性的度量。形状是一种重要的视觉特征，是图像内容描述的基本特征之一。形状内容描述很难定义，因为测量形状之间的相似性很困难。因此，基于形状的图像检索需要两个步骤：特征提取和特征之间的相似性度量。形状描述符分为基于轮廓和基于区域两种方法。基于区域的方法使用对象的整个区域进行形状描述，而基于轮廓的方法仅使用对象轮廓中的信息。这里描述的形状描述符是根据对象轮廓计算得到的特征，如圆度、长宽比、不连续角不规则度、长度不规则度、复杂性、直角度、锐度、方向性。它们是平移、旋转（角度除外）和比例不变的形状描述符。可以从检测到的边缘提取图像轮廓，从图像轮廓导出形状信息，最后从轮廓图像和每个轮廓提取并存储一组形状特征。

3.1.3.2　颜色特征提取

作为图像检索中应用最广泛的视觉特征之一。颜色特征在图像处理方面有广泛的应用，具有颜色特征的图像具有许多优点：

（1）稳健性。颜色柱状图与图像在视图轴上的旋转是不变的，当以其他方式旋转或缩放时，颜色柱状图会以小的幅度变化。它对图像、直方图分辨率和遮挡的变化也不敏感。

（2）有效性。查询图像和提取的匹配图像之间的相关性很高。

（3）实施简单。颜色直方图的构造是一个简单的过程，包括扫描图像、将颜色值分配给直方图的分辨率，以及使用颜色组件作为索引构建直方图。

（3）计算简单。对于 $X \times Y$ 大小的图像，直方图计算具有 $O(X,Y)$ 复杂性。单个图像匹配的复杂性是线性的 $o(n)$，其中 n 表示不同颜色的数量或直方图的分辨率。

（4）存储要求低。假设颜色量化，颜色直方图的大小明显小于图像本身。

通常，图像的颜色通过某种颜色模型来表示，颜色模型是根据三维坐标系和该坐标系内的子空间指定的，其中每种颜色都由一个点表示。有多种颜色模型来描述颜色信息，最常用的颜色模型是 RGB（红、绿、蓝）、HSV（色调、饱和度、值）和 Y、CB、CR（亮度和色度）。因此，颜色含量的特征是来自某个颜色模型的 3 个通道。人类将颜色视为三种颜色的组合：红、绿、蓝，从而形成一个颜色空间，所以 RGB 颜色称为原色，通过改变它们的组合，可以得到其他颜色。RGB 模型基于笛卡尔坐标系统，三个坐标轴分别对应 R、G、B，为图像中每个像素的 RGB 分量分配一个 0～255 范围的强度值，RGB 图像只使用三种颜色就可以通过不同比例组合在图像上重现 16 777 216 种颜色。HSV 空间的表示来自于 RGB 空间立方体，以 RGB 模型的主对角线作为 HSV 中的垂直轴。当饱和度在 0.0 到 1.0 之间变化时，颜色从不饱和（灰色）变为饱和（无白色成分）。色调范围从 0 到 360 度，变化从红色开始，穿过黄色、绿色、青色、蓝色和洋红，再回到红色。这些颜色空间直观地对应于 RGB 模型，从中可以通过线性或非线性变换导出它们。YCBCR 模型是视频图像和数字图像中常用的色彩模型，其中，Y 为亮度分量，CB 为蓝色色度分量，CR 为红色色度分量，CB 和 CR 共同描述图像的色调。

3.1.3.3 纹理特征提取

纹理是图像的另一个重要属性。纹理是一个强大的区域描述符，有助于检索过程。纹理本身不具备查找相似图像的能力，但可以将纹理图像与非纹理图像进行分类，然后与另一种视觉属性（如颜色）相结合，使检索更加有效。纹理是对物体进行分类和识别的重要特征之一，在多媒体数据库中用于查找图像的相似性。基本上，纹理表示方法可以分为两类：结构法和统计法。统计方法包括傅里叶功率谱、共现矩阵、Tamura

特征、沃尔德（Wold）分解定理、马尔可夫随机场、分形模型、Gabor 和小波变换等多分辨率滤波技术，通过图像的统计分布来表征纹理的强度。

3.1.4 图像识别

图像识别是计算机技术的术语，可以通过使用算法和机器学习概念来识别某些人、动物、物体或其他目标对象。根据模式特征选择和判别决策方法的差异性，图像模式识别方法可分为统计模式识别方法和句法模式识别方法。从图像提取特征的角度来看，可分为形状特征、色彩特征以及纹理特征的识别。常见的方法有贝叶斯分类器、人工神经网络、集成学习等。随着机器学习与模式识别的发展，人们开始研究稀疏编码、局部感受野、视觉信息层次式处理等。

统计模式识别作为一个广泛且技术成熟的方法已成功地应用于许多商业识别系统的设计。在统计模式识别中，模式由一组 D 特征或属性表示，这些特征或属性被视为 D 维特征向量。利用统计决策理论中众所周知的概念，在模式类之间建立决策边界。识别系统以两种模式运行：训练（学习）和分类（测试）。预处理模块的作用是从背景中分割感兴趣的模式，去除噪声，规范化模式，以及完成任何其他有助于定义模式的紧凑表示的操作。在训练模式下，特征提取/选择模块找到表示输入模式的适当特征，并训练分类器对特征空间进行划分。反馈路径允许设计师优化预处理和特征提取/选择策略。

3.1.4.1 基于贝叶斯分类器的图像识别

贝叶斯分类器是建立在贝叶斯理论之上，通过对大量样本进行训练实现后验概率的估算。一般需要满足两个条件才能进行贝叶斯分类器分类：首先要知道所要分类的对象在总体的一个概率分布，其次要保证一定数量的决策类别。

贝叶斯分类器最重要的是利用贝叶斯公式对后验概率的计算，则我们需要提前知道另一个变量-对象的先验概率，根据先验概率的值判断该对象具体属于哪一个类别。常见的贝叶斯分类器有朴素贝叶斯分类器（Native Bayes Classifier，NB）、树形增强的朴素贝叶斯分类器（Tree Augmented Native Bayes Classifier，TAN）、增强的贝叶斯分类器（BN Augmented Native Bayes Classifier，BAN）和无约束的贝叶斯网络分类器（General Bayesian Network，GBN）。

3.1.4.2　基于模板匹配的图像识别

在图像识别领域，基于模板匹配主要是利用模板匹配可以对准和匹配不同传感器或同一传感器在不同时间、不同的成像条件下对同一景物获取的 2 幅或多幅图像。模板匹配是一种高级机器视觉技术，可识别图像上与预定义模板匹配的部件。高级模板匹配算法允许查找模板的出现，无论图像的方向和局部亮度如何。模板匹配技术灵活且使用起来相对简单，这使它们成为最受欢迎的对象定位方法之一。它们的适用性主要受可用计算能力的限制，因为识别大型和复杂模板可能非常耗时。

假设 x,y 是图像 A 中的像素：在这幅图像里我们希望找到一块和模板匹配的区域，目标是检测最匹配的区域。为了确定匹配区域，滑动模板图和原图像比对。每次只滑动一个像素（从左到右，从上到下），通过度量计算模板图像块和原图像该区域的相似程度。相似度越高，意味着匹配度最高。

基于模板的方法只能应用于模板图像能够大部分匹配目标图像，针对没有强大功能的模板，或者说模板图像只有小部分能满足匹配图像时，该方法无效。如上所述，需要对大量点进行采样，同时利用模板图像的分辨率和相同因子降低搜索来减少采样点的数量。为缩小的图像（多分辨率或金字塔）提供搜索图像内的数据点的搜索窗口，使得模板不必搜索每个可行的数据点。

3.1.4.3　基于深度学习的图像识别

Hinton 等人于 2006 年提出了深度学习，深度卷积神经网络（Deep Convolutional Neural Networks，DCNN）是一种基于特征学习的最先进的图像识别方法，其泛化能力比传统的图像识别方法有了显著的提高。因此，近年来，基于 DCNN 的图像识别系统取得了显著的成就。DCNN 已成为机器视觉和人工智能的研究热点。基于特征学习的图像识别方法不需要提取指定的特征。通过迭代学习找到适当的分类特征。与其他方法相比，基于 DCNN 的图像识别可以实现更好的分类精度，避免人工特征提取造成的人工和时间浪费。

3.1.4.4　基于随机森林算法的图像识别

随机森林是一个广泛应用的高度灵活的机器学习算法，一方面能够处理大数据，另一方面能够做分类和回归，尤其在数据基础建模中的参数估计方面具有很重要的应用。随机森林树是包含多个决策树的分类器，属于集成学习的一种，它一方面解决了分类精度的问题，另一方面解决了决策树中存在的问题。

随机森林使用随机的方式建立多个决策树，且决策树之间不存在任何关联。首先建立随机森林模型，然后输入新的样本，每一棵决策树会对样本进行判别分类，最后根据类别选择的次数预测这个样本属于哪一类。因此每一个决策树的分裂属性对于随机森林模型来说非常关键，根据最大信息增益的属性对分裂属性进行排列，最终的分类结果采用投票机制得到。

3.2　红外测温技术

红外测温技术主要指利用电子传感器采集各种电力设备内部中的热辐射数据，并通过自己的特性和功能把这些热辐射的信号转化成图像和数据信号的技术。通过检测温度变化来判断该设备工作情况，确定该设备有无异常，最根本的方式就是热成像。

红外线测温技术不仅能够在检测时得出更加准确的结果，同时可以帮助快速形成一个物体温度变化幅值的范围效应曲线，更加直观地呈现出结果，还能够区分同一个位置内各种电气设备的热量和温度变化幅值。红外测温技术的优点主要体现在检测的精准性和直观性上。根据图像的特殊性和真实性，维修工作人员能够快速地确定各种异常情况下图像中可能会出现的异常点，进而确定准确的位置。

变电站日常维护的过程中，存在着一项重要的任务就是巡视设备的运行状况。而且在做好巡视工作的同时，还需要及时地发现各种类型的安全隐患，随时掌握设备运行过程中的情况以及异常。传统的电力设备巡检一般直接使用眼睛观察、手触碰和耳听三种观察方法，其中用眼睛观察是最普遍、最直观的方法。然而，眼睛观察也有一定的缺点，其主要缺点是它具有局限性，难以有效地识别这些零件的开发缺陷。例如，很难观察加热动力装置的初始发热情况，往往只能当加热到一定程度时才可以找出，此时，设备在工作中已受到不同程度的损坏，导致电力设备缺陷的发现和处理出现延误，无法及时处理故障问题。

3.2.1　红外测温原理

3.2.1.1　红外辐射

任何一个物体的温度高于绝对温度（-273 ℃），物体的分子和原子会出现不规则热运动，物体表面就不断地辐射红外线。其表面就不断地辐射红外线。红外线是一种波长范围为 760 nm ~ 1 mm，不为人眼所见的电磁波。红外测温技术就是通过对物体表面热量散发不同进行技术收集类比，从而得到设备表面热场分布情况，经过分析处理呈现设备表面温度，从而使工作人员据此明确物体的热力学状态。设备发热量的大小与设备发热部位肯定有所差异。利用测温仪对设备进行整体扫描，设备显示器就会显示出异于其他部位的不同温度图像显示，由此我们可以快速查找出故障所在。

红外线是一种人类的眼睛无法察觉的光，整体上来看，它的波长小于微波，但是大于可见光。同可见光一样，它的速度等于光速：

$$c = 299\ 792\ 458\ \text{m/s} \approx 3 \times 10^8\ \text{m/s} \tag{3-4}$$

红外线辐射的波长：

$$\lambda = c / \upsilon \tag{3-5}$$

式中，c 为速度（cm/s）；υ 为光频率（Hz）；λ 为波长（cm）。

3.2.1.2 红外测温介绍

间接接触设备和不停电是红外测温最显著的优势，目前该技术在变电站运维中被广泛采纳应用。任何事情都有两面性，红外测温精确度由于各种因素的影响，不是很高。因此，设备的平均温度是红外测温得到的最终结果。从变电站角度而言，在高压电气设备红外测温技术中引出环境温度参照物、温升、温差、相对温差的概念。

环境温度参照物（T_0）：体现周围环境温度的物体，不代表当时的环境温度，但是与被测物体处于相同属性环境中，能够对该物体的测温起到对照作用。

温升：同属性环境下被测物体的温度与上述 T_0 温度的差值。

$$T_s = T_k - T_0 \tag{3-6}$$

式中，T_s 为温升（K）；T_k 为被测物体表面温度（K）；T_0 为参照物体的环境温度（K）。

温差：不同被测物或同一被测物的不同部位之间的温度差。

$$T_c = T_1 - T_2 \tag{3-7}$$

式中，T_c 为温差（K）；T_1 为高温点（K）；T_2 为低温点（K）。

相对温差：关联的对称物体不同部位的温度差值除以最高温度温升得到的百分数，相对温差 δ_t 可用式（3-8）求出：

$$\delta_t = (t_1 - t_2)/t_1 \times 100\% = (T_1 - T_2)/(T_1 - T_0) \times 100\% \qquad (3\text{-}8)$$

式中，T_0 为参照物体的环境温度数值；t_1 和 T_1 为测温处的温度差值和温度值；t_2 和 T_2 为对称测温处的温度差值和温度值。

为了更好地测得被测设备的发热状态，设置了对照体，用来测量环境的温度，这可以让电力工作者明确周边条件对测温结果的影响，在分析过程中排除外来因素的干扰，有利于得到正确的测量结论。

实际工作中，红外诊断技术的第一步就是得到被测设备的表面温度，根本意义上的红外测温及诊断是在取得表面温度的基础上，借助计算机计算功能，应用计算公式，确定设备内部故障的位置、性质、形状以及严重程度的诊断。变电站高压电气设备红外测温发现发热缺陷的程序为：① 利用红外测温仪采集设备表面温度，确定大体发热部位。② 利用取得的表面温度结果，利用计算机及相关公式测算确定缺陷的位置、性质及严重程度。③ 现场红外测温发热设备后分析、诊断，合理调整运行方式，对故障进行隔离。④ 进行设备缺陷的处理，进行测温结果的验证。

3.2.2　红外热像测温仪组成和工作原理

红外热像测温仪通常是由成像系统、红外探测器、信号处理机构和显示器几部分组成，图 3-3 为经典红外热像测温仪的工作原理。

图 3-3　红外测温技术在变电站运行的应用原理

红外探测器是红外热像测温仪的核心器件，多用于接收目标物体的辐射能量，并合成、分解目标物体的像。其次为了能提高红外探测器的信噪比和探测率，减少背景和热的噪声，使其具有快速的响应速度，探测器元器件的温度应具有较低的数值。按照制冷方式的不同，可分成非制冷探测器和制冷探测器两种。现在市面上使用的大多是非制冷型，它与热敏电阻类似，通过吸收被测物体的红外辐射能量升高其自身的温度，导致其阻值发生了变化，并输出电信号，经过图像信号处理转换成图像或视频信号在显示屏或监测器上输出被测物体的红外热像图。

3.2.3 红外热像测温特点

在测量温度的领域，红外热像仪是一个具有强大功能的温度测量仪器。与其他检测设备进行对比，该温度测量仪器在下列情况的测温优势较为突出，分别为：需要快速确定一定区域内的发热区域或过热点的温度状况；测量目标物体的表面温度分布场具有分布不均匀现象时具有明显优势。

此外，红外热像仪还在如下几个方面具有优势：

（1）测温响应时间快。测量温度的响应速度为毫秒甚至微秒。而传统测温的响应速度通常是几秒甚至更久（如热电偶）。

（2）测量范围宽。铂电阻的测温范围为-200～+800 ℃，热电偶为-273～+2 750 ℃，而红外测温理论上可以测量绝对零度以上的物体。

（3）测温分辨率高。可以分辨 0.02 ℃ 或更小。

（4）可拍摄单幅图像或视频。可同时测得图像或视频中每个像素点的温度，通过软件可方便地得到等温线、最高温度点和最低温度点。

（5）非接触测量。因红外热像测温时不用接触被测目标，故红外热像测温较传统的测温方法更适于检测运动的、危险的等不易靠近的目标。

（6）测量结果形象直观。红外热成像测温仪将被测物体的温度场以伪彩色形式输出，较其他测温方法可以提供更为形象的、直观的图像信息。

使用红外热像仪时有一些缺点需要注意：

（1）容易受到外界环境干扰（环境粉尘、温度等）。

（2）不易检测光亮的金属表面，对温度数值干扰较大。

（3）由于是对目标的表面进行测量，不易检测内部或有遮挡物的目标物体的温度。

（4）红外热像测温仪的成本较高。

（5）红外热像测温仪的测温精度不高，测量温度误差通常在±2℃。

3.2.4 红外测温诊断方法

我们对设备进行红外测温诊断的根本目的就是为了能够及时发现站内设备存在的缺陷，避免带缺陷设备长时间运行造成事故。对发现的热缺陷能够及时进行消除。但是如果测温不准确，把有缺陷的设备定义为正常设备，不正常状态定义为正常状态，将会给我们的设备及电力系统造成事故。此外不同的气象、环境条件、负荷状况都会对红外测温的准确性产生影响。因此，为提高红外测温的准确性，我们不仅需要熟练掌握测温仪器的使用方法、具备技术经验，还需要掌握一定的方法进行红外测温，并且找出在当前电网运行模式下，最有效、快捷的测温方式。目前实际工作中，我们主要采取以下几种测温方式。

3.2.4.1 表面温度判定法

表面温度判定法的使用范围是电流异常和电压异常因素引发的缺陷。根据测得的设备表面温度值，对照标准，再结合不同设备由于材质、运行环境的不同从而导致环境温度下设备表面温度的不同进行分析判断。

3.2.4.2 同类比较判断法

同类比较判断法的核心思想是在同一电气回路中，当三相（或两相）设备相同且三相电流对称时，比较三相(或两相)电流致热型设备对应部位的温升值，可判断设备是否正常。若三相设备同时出现异常，可与同回路的同类设备比较。这一方法的优点在于能够排除负荷和环境温度对红外诊断结果的影响，在同型设备和同一设备的三相诊断中应用较多。其缺点在于，在不同类型的设备群中，没有对比目标时，其应用受到一定的限制。

3.2.4.3 图像特征判断法

图像特征判断法适用于电压致热类型设备。判断运行设备的发热现象是否是缺陷，要参照该设备正常运行温度下的图像和异常时积累下的图像，同时排除各种因素对测温数据的影响，通过图像特征对比判断，就会很容易定性缺陷。

3.2.4.4 相对温差判断法

相对温差判断法适用于电压致热类型设备。判断运行设备的发热现象是否是缺陷，要参照该设备正常运行温度和异常时积累的温度数值库，同时排除各种因素对测温数据的影响，通过温度数值对比判断，就会很容易定性缺陷。

关联的对称物体不同部位的温度差值除以最高温度温升得到的百分数为相对温差，相对温差 δ_t 的求解参见公式（3-8）。

采用相对温差判断方法可准确判断出电流致热情况下设备的发热缺陷。不可采用此判断方法的前提是测温处的温升值小于 10 K。

3.2.4.5　档案分析判断法

档案分析判断法主要是将电器的红外图像进行建档整理，将实际现场测得的红外数据与档案中的数据进行对比分析的方法。该方法主要针对的是电器设备在现场情况较复杂且维修周期较长的情况，建立不同时期的红外检测档案。根据档案从温度、温度场分布、温度升温和湿度四个方面判断该仪器的发热变化趋势，同时还可以参考图谱中的色谱和色域等变化综合判断设备的运行情况。

此方法主要适用于长期从事检测工作的现场工作人员，根据同一设备在不同时期与不同环境下的图谱对比，能够在早期发现故障设备，及时解决问题。

3.2.4.6　实时分析判断法

一段周期内应用红外测温技术对某个设备进行连续红外测温，研究分析设备温度随负载、时间等因素变化的曲线。优点在于能够根据运行及故障情况及时发现设备的缺陷，判断是否需要消缺以及何时消缺，并能够跟踪了解设备故障状态的发展过程。

3.2.4.7　红外测温诊断方法比较

表 3-1 中对上述 6 种诊断方法做了大致比较，总结了各种方法的优点及缺点。

表 3-1　红外测温诊断方法比较

诊断方法	优点	缺点
表面温度判定法	对照体系明了严格，易于判断缺陷	受环境因素影响较大
同类比较判断法	能够快速判断故障	受参照物影响较大
图像特征判断法	定向的检测分析较准确	需要具备红外成像图谱库，工作量较大
相对温差判断法	在故障性质判别和缺陷部位定位上具有优势	受参照物影响较大
档案分析判断法	易于早期发现设备故障	需要红外成像图谱库，工作量较大
实时分析判断法	能够掌握缺陷发展状态，便于随时检修消缺	需要实时跟踪，耗费人力时间

通过上述六种方法比较，我们容易发现使用图像特征判断方法进行设备测温具有明显的优势，只要和传统的测温图像进行比较，就能发现故障。但是这种方式在我们日常工作中不大使用，日常使用较多的是相对温差判断法，这种方式的缺点是受参照物的影响，但是在日常工作中，参照物和设备处于相同电网系统及环境中，具有较准确的参照性，此外，此种方法在故障性质判别和缺陷部位定位上具有明显的优势。从变电站运维的角度出发，工作人员在巡视过程中能够及时发现发热点。

灵敏、准确是红外测温技术在变电站内高压电气设备的发热缺陷检测和诊断方面的显著优点，当前单位把定期开展红外测温作为变电站内高压电气设备的发热缺陷检测的重要手段。实际工作中我们通过巡视人员人工测温或者通过变电站智能机器人测温，逐渐形成热成像档案库。最终实现通过热分布场的变化就能推断设备内部温度变化的规律从而制定相对准确的内部缺陷判断标准的目标。

3.2.5 影响红外测温准确性因素的分析

3.2.5.1 辐射率的影响及对策

反映物体辐射能力的一个参考量叫作辐射率，辐射率的大小与表面形状、光滑程度等因素有关，还与测试的技术手段及测试人有关。我们在日常测温中必须注意不同物体和测温仪相对应的辐射率，提前在机器中设置好对应的辐射率，从而缩小辐射率带来的影响。

在日常工作中减小辐射率影响的主要方法是采用选定辐射率进行比较。我们可以从以往规程中查找被测设备的表面辐射率，在确定辐射率后，且红外测温仪自带辐射率修正功能前提下，将辐射率设定为固定值。成像仪没有辐射率修正功能，必须用上述辐射率值对测温数据进行修正，以便获得真实测温数据。

对策：在设备红外测温工作前开始，根据仪器使用说明书，提前设置被测物体的表面辐射率，也可通过表面涂敷适当漆料从而稳定辐射率值，最终获得准确数据。

3.2.5.2 测量距离系数的影响及对策

测温仪距离被测物体的距离越远，仪器收集的红外线越少，测得的数值越低。在室内（气温约 22 ℃）取刚烧开的沸水倒入塑料杯里盖紧盖子进行测温，测量距离分别取 1 m、5 m、10 m，测得最高温度分别为 96.17 ℃、88.13 ℃、87.53 ℃。由此结果发现距离的远近不同，测出的温度不同，且呈阶梯状，距离越远，数值越低。我们另取某变电站主变压器为测温对象，测量距离分别取 3 m、6 m、12 m，测得变压器主体最高温度分别为 39.52 ℃、38.66 ℃、38.05 ℃，即随着测量距离的增大，测出的温度也会变低，但不像前例沸水温度那样明显。

对策：测量距离增加会导致红外测温得到的设备数据出现变化，被测设备材料会影响测温数据。因此，测温仪和被测物体的距离不能过远，如果现场条件无法实现近距离测温，则应该调整测温仪器给予一定温度补偿。

3.2.5.3 气象因素的影响及对策

下雨、空气质量差及下雪天气因素，也会给测温数据带来影响。同一个设备被测处与其他处出现温度误差是由于这些外在客观因素的影响。恶劣天气下测温设备表面热挥发量增大是由于留存的雪水蒸发造成的。风速也是影响红外测温数据精准性的一个因素之一。这是因为风力速度的不同造成设备表面热量流失速度的不同，设备表面温度降低快慢不同，所以在测量中会造成误差。大量实际测量数据分析可知，测温时如果风力的速度达到 0.06 m/s 就会对数据产生影响，需利用式（3-9）对被测温度进行修正：

$$\Delta\theta_0 = \Delta\theta e\frac{f}{w} \tag{3-9}$$

式中，f 为实时风力大小（m/s）；$\Delta\theta$ 为仪器测量的温度升高数值（℃）；$\Delta\theta_0$ 为标准状态时的温度升高数值（℃）；w 为经验系数，迎风时 $w = 0.904$ m/s，避风时 $w = 1\,031$ m/s。

在风力复杂的情况下，设备表面或电接触面的热辐射由于对流冷却的影响而降低，如果此时这些区域的设备存在热缺陷，红外测温时可能会取得不理想数据，不利于电力工作的开展。

对策：在开展红外测温工作时，要考虑环境因素的影响，环境温度变化过大，不宜进行红外测温；阴雨天气尽量不要进行测温；应当选择阳光明媚，空气质量较好的天气，在日出或者日落前后 3 h 内进行测温，这样可以避免环境因素对测温结果的影响。特殊情况下需要测温，一定要选好环境温度参照体，以便获得准确数据，对缺陷进行定级。

3.2.5.4　周围热源的影响及对策

若被测物体邻近的设备温度较高，会对被测设备的温度产生影响，在物体热辐射下，促使被测设备的温度逐渐升高，影响具体温度的测量。反之，由于受邻近设备低温的影响，同样也会使被测设备的温度出现下降的现象。若被测设备与其周围的环境存在的温差相对较小，测波长在 3～5 μm 区域及 8～12 μm 区域均会受到同等程度的影响。若环境温度小于设备温度，则波长在 3～5 μm 区域对测温的结果影响相对较小。

对策：为此在实际测量过程中应在其周围设置相应的屏蔽装置，以此避免对测温产生影响。

3.2.5.5　负荷率对红外测温的影响及对策

当设备的负荷越高，流过设备的电流越大，产生的热效应越强，设备的热辐射率也就越高，发热情况就越厉害。在此种情况下进行设备的红外测温诊断，就会得到一个温度比较高的数据。此时利用公式测算设备是否发热，进行缺陷定级时，得到的结果往往会大于正常状态的结果。

对策：电网迎峰度夏期间，负荷较大，发热设备会有所增加，进行测温时，为了获得较准确的数据，对于部分电力设备需要至少运行 3 h 以上才能测温。例如，部分大修技改的设备，投入运行不满 6 h，所测的结果是不能作为缺陷定级的依据的。

此外在负荷不同周期段进行测温，取得测温数据也会不同。例如，在迎峰度夏期间，对过载主变压器进行测温时，负荷越大，温度越高，容易产生的故障就越多。如果要进行新换设备连接处检查，则尽量要使负荷最高，才能检查出设备本体及施工工艺的好坏。

3.3　声音识别技术

声音识别系统主要分为两个阶段：第一阶段是样本训练阶段，第二阶段是模型识别阶段。在训练阶段，对预采集的声音进行预处理，去除原始声音的无效部分，形成包含有效声音信息的训练样本。然后提取代表声音特征信息的特征参数，根据特征参数对声音模型进行训练。不同的声音对应不同的模式。在识别阶段，对待识别的语音信号进行与训练阶段相同的处理，然后将待识别的模型与模型库中的模型进行比较，得到正确的识别结果。下面简要介绍了声信号的预处理过程和几种常用的特征提取方法。

3.3.1 声音信号预处理

在声音识别系统中，为了得到符合系统标准的声音信号，首先要做的就是对原始信号进行预处理。声音信号的预处理主要包括预加重、分帧加窗和端点检测。

3.3.1.1 预加重

变压器声音特征提取的第一步是增加声音高频部分的能量。在声音信号的频谱中，通常高频部分的能量要低于低频部分的能量，并且在声音信号的采集过程中低噪声的影响会增强低频部分的能量，从而导致高频和低频部分的声音幅度差别很大，为了克服这一缺陷，需要对高频部分的声音信号进行加重。通过预加重建立的声学模型的高频共振峰更加直观，进而提高声音识别定位的准确率。预加重通常通过一阶数字滤波器实现，其表达式如下：

$$H(z) = 1 - \mu z^{-1} \tag{3-10}$$

式中，μ 为预加重系数，通常 $\mu = 0.96$。

3.3.1.2 分帧加窗

声音信号是一种非平稳的时变信号，在很短的时间内可以被认为是稳定的，即声音信号具有短期的准平稳特性。从固定连续声音中截取短而稳定的声音片段作为帧，并用该帧声音信号替换整个连续声音片段的过程称为一帧。为了保证帧间的平滑性和声音信号的连续性，通常采用跨帧分割的方法。一般来说，每个帧的长度在 $10 \sim 30$ ms，帧长度设置为 256，帧移位设置为 80。在声音被细分为帧后，为了保持每个帧的平滑，我们需要在声音帧中添加窗口。常用的窗函数有矩形窗和 Hamming 窗。函数表达式如式（3-11）、（3-12）所示，函数图像见图 3-4 和图 3-5。

$$w(n) = \begin{cases} 1, (0 \leqslant n \leqslant N-1) \\ 0, 其他 \end{cases} \tag{3-11}$$

$$w(n) = \begin{cases} 0.54 - 0.46\cos\left(\dfrac{2\pi n}{N-1}\right), (0 \leqslant n \leqslant N-1) \\ 0, 其他 \end{cases} \tag{3-12}$$

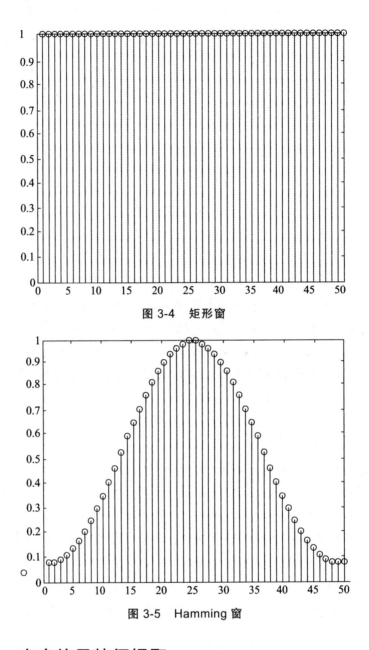

图 3-4 矩形窗

图 3-5 Hamming 窗

3.3.2 声音信号特征提取

声音识别技术的一个关键问题是从声音信号中提取准确反映声音特征的特征参数。不同的音源发出不同的声音，但它们都有自己独特的个性特征。能否从声音信号中准确提取这部分个性特征，对于整个声音识别系统的性能尤为重要。在声音信号处理中，常用的声音特性参数有基音周期、线性预测系数（Linear Prediction Coefficient，LPC）、线性预测倒谱系数（Linear Predictive Cepstral Coefficient，PCC）和梅尔倒谱系数（Mel-Frequency Cepstral Coefficients，MFCC）。

3.3.2.1 基音周期

当一个人发出声音时，他声带的周期性打开和关闭将形成准周期性脉冲。这个脉冲的周期叫作音高周期，与声带的振动频率成反比。基音周期携带说话人的重要身份信息。因此，它可以作为语音识别中的一种声音特征。基音检测方法包括自相关法、并行处理法、倒谱法和简化逆滤波法。自相关法和并行处理法属于时域估计法，可以利用声音波形估计基音周期。自相关法通过利用声音信号的短时自相关函数计算函数的两个相邻最大峰值之间的距离来估计基音周期。并行处理方法是先检测处理后的声音信号的基音，然后根据检测到的节进行检测，基音周期由结果决定。倒谱是一种频域估计方法，首先，声音信号在倒谱域中表达，然后估计基音周期。简化反滤波方法通过降低声信号采样频率提取声信号的模型参数，然后用这些参数对原始声信号进行滤波，得到一组声源序列，并检测其峰值位置，得到基音周期值。

3.3.2.2 线性预测系数

线性预测技术在声音信号处理中得到了广泛的应用。声音采样点之间存在相关性，当前或将来的采样点可以由以前的采样点进行预测。换句话说，一个声音样本的当前值可以通过几个以前的声音样本的线性组合来预测，这是线性预测分析的基本思想。然而，实际的声音和线性预测得到的声音之间存在着误差。在一定的准则下，误差最小，此时获得的一组系数称为线性预测系数，它代表声音信号的特征，可作为声音识别或声音合成中的声音特征。用之前 P 个声音抽样值的线性组合来对声音信号 n 时刻的抽样值进行预测，属于声音信号的 P 阶线性预测，n 时刻的输出 $s(n)$：

$$s(n) \approx a_1 s(n-1) + a_2 s(n-2) + \cdots + a_p s(n-p) \tag{3-13}$$

$s(n)$ 的预测值 $\hat{s}(n)$ 为：

$$\hat{s}(n) = \sum_{i=1}^{p} a_i s(n-i) \tag{3-14}$$

式中，a_i 表示的是预测系数，即 LPC。预测误差见式（3-15）：

$$e(n) = s(n) - \hat{s}(n) = s(n) - \sum_{i=1}^{p} a_i s(n-i) \tag{3-15}$$

预测系数 a_i 按最小均方误差的意义计算，因此预测误差的均方值 $E(n)$ 如式（3-16）：

$$E(n) = \sum_n e^2(n) = \sum_n \left[s(n) - \sum_{i=1}^{p} a_i s(n-i) \right]^2 \tag{3-16}$$

以均方误差最小准则为基础，线性预测系数 a_i 应保持的值最小，所以 a_i 需满足：

$$\frac{\partial E(n)}{\partial a_i} = 0, (i = 1, 2, \cdots, p) \tag{3-17}$$

根据式（3-17）进行 a_i 的求取，获得 LPC 参数。

3.3.2.3 线性预测倒谱系数

LPC 参数是线性预测分析的基本参数，它可以转化为倒谱域中的 LPC 参数，得到 LPCC 系数。LPCC 计算量小，十几个倒谱参数都能很好地反映声音信号的特性。LPCC 系数 c_i 与 LPC 系数 a_i 满足以下递推关系：

$$\begin{cases} c_1 = a_1 \\ c_n = a_n + \sum_{i=1}^{n-1} \frac{n-1}{n} a_i c_{n-1}, 1 < n \leqslant p \\ c_n = \sum_{i=1}^{p} \frac{n-1}{n} a_i c_{n-1}, n > p \end{cases} \tag{3-18}$$

基于递推关系便能够得到 LPCC 系数。LPCC 能对声道的特征进行较为准确的反应，但因为它与声音信号线性匹配，与人的听觉特征不一致，会影响系统的识别性能。

3.3.2.4 梅尔倒谱系数

虽然在倒谱域中提取了 MFCC 和 LPCC 系数来表征声音的特性，但它们之间存在着根本的区别。LPCC 系数是语音信号的线性近似，主要研究人类语音机制的特征；MFCC 主要研究人耳的听觉感知。研究表明，人耳的听觉敏感性与声波的频率有关，当声波的频率在 200 ~ 5 000 Hz 时，人耳的听觉感知能力最强。因此，在处理音频信号时，根据一定的规则在频率范围内增加一组带通滤波器：首先对输入信号进行滤波，然后将每个滤波器的输出信号作为一系列特征参数进行处理，这些参数称为 MFCC 参数。通过听觉特征得到的 MFCC 参数比通过声道线性逼近得到的 LPCC 参数更为稳健，在低信噪比下能保持良好的识别性能。

根据人耳的听觉特性，建立了一种能将实际的声频映射到人耳的梅尔（Mel）频率尺度。当声频不超 1 000 Hz 时，一般认为 Mel 频率与实际频率成正比，当超过 1 000 Hz 时，Mel 频率与实际频率的对数成正比。它们之间的关系如式（3-19）：

$$Mel(f) = 2\,595 \times \lg\left(1 + \frac{f}{700}\right) \tag{3-19}$$

式中，f 表示的是实际频率（Hz）。曲线见图 3-6。

MFCC 系数的计算步骤为：

（1）将快速傅里叶变换（FFT）应用于处理后的时域声音信号，得到频谱域中声音信号的表示 $X(k)$。

$$X_a(k) = \sum_{n=0}^{N-1} x(n)e^{-j2\pi mk/N} \tag{3-20}$$

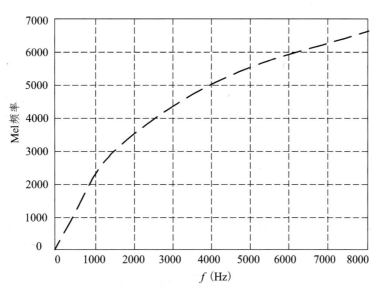

图 3-6　Mel 频率与实际线性频率关系

（2）计算线性频谱 $X(k)$ 的能量谱即 $|X_a(k)|^2$，并基于三角形滤波器组对能谱进行滤波。滤波器组的输出被对数化以获得 $S(m)$。

$$S(m) = \ln\left(\sum_{k=0}^{N-1} |X_a(k)|^2 H_m(k)\right) \qquad (3\text{-}21)$$

式中，$H_m(k)$ 属于各三角滤波器的频率响应。

（3）利用 $S(m)$ 实时离散余弦变换（DCT），获取表征声音信号特征的 MFCC 系数 $C(n)$。

$$C(n) = \sum_{k=0}^{N-1} S(m)\cos\left(\frac{\pi n(m-0.5)}{M}\right), (0 \leq n \leq M) \qquad (3\text{-}22)$$

基于以上方法得到 MFCC 系数的提取过程见图 3-7。

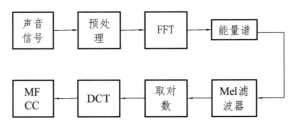

图 3-7　MFCC 系数提取过程

声音识别技术主要是用来协助变电站的人工巡检和无人值守模式。

目前变电站的正常运行主要还是依赖人工巡检，很多设备出现问题仅仅只能通过有经验的工程师来判断和维修。目前人工检测的方式主要存在以下问题：

（1）运维人员的安全问题。变电站一直处于高压的状态下，高压的环境下容易出现漏电的问题，对运维人员的安全问题有很大的隐患。

（2）人工检测的效率。运维人员在日复一日的工作之后，容易对机械工作产生厌倦的心理，从而导致巡检的效果不甚理想。因此，人工巡检是极其不稳定的，而且可靠性也不够。变电站内的设备在正常运行的时候，声音一般都是稳定一致的，当设备出现故障的时候，声音也是有一定的差别的，所以智能机器人可以通过声音检测来判断设备是否在正常运行。机器人系统在搭建声音识别技术之后，可以利用声音识别来检测部分设备的故障，从而协助无人值守的变电站更好地运行，而且还可以保障运维人员安全可靠的巡检。

声音识别技术的重大意义主要体现在以下几个方面：首先，机器人系统中搭建声音识别技术之后，可以有效地检测变电站内异常的设备声音，从而提高设备的稳定性，有效地保证运维人员的安全问题。其次，声音识别技术在机器人系统中是比较容易实现的，装置成本也比较低。最后，后台系统可以根据采集的声音，及时地对异常设备进行报警，从而协助运维人员快速地消除设备故障，保证巡检质量。

3.3.2.5 音频训练

音频训练是声音识别技术的基础。其主要是将设备正常运行时的声音数据集中训练，从而得到正常声音的标准库。基本步骤如图 3-8 所示。

图 3-8 音频训练流程图

通过音频训练，结合算法分析，即可以使得机器人系统识别声音，从而保证变电站设备更加安全可靠地运行。

3.4 局部放电检测技术

变电站内有众多电力设备，一旦失效会导致变电站发生故障，无法正常运行，进而引发电网局部或大面积停电，甚至发生爆炸、火灾和人员伤亡等严重事故。大量的研究表明，绝缘故障在变电站各类故障中的比例占 80%左右，而局部放电（Partial Discharge，PD）是引发绝缘故障最主要的原因。电力设备内电场是不均匀的，绝缘介质一般也是不均匀的，绝缘介质在生产或使用的过程中会产生气泡或杂质，使得介质内部或表面的某些局部区域的场强足够高，导致绝缘击穿并发生放电，而其他区域依旧具有优良的绝缘特性，这就形成了局部放电。局部放电虽然不会使整个绝缘介质立刻击穿，但对绝缘介质有很大的危害。局部放电对于绝缘的危害通常包括带电粒子的轰击、热效应、化学效应、辐射效应和机械力效应等几种类型，以上几种危害往往同时存在，它们的共同影响会促使绝缘材料老化，电气性能下降，甚至由局部延伸到整体，逐步发展成为严重的突发性绝缘击穿故障，使得设备的绝缘能力完全丧失。局部放电亦是绝缘劣化的前兆和表现形式，它与绝缘材料的劣化和击穿过程紧密相关，可以有效反映设备内部绝缘的潜在缺陷和故障，尤其对突发性故障的早期发现比介质损耗测量、色谱分析等技术更有效。目前，科研单位、设备制造商和电力企业都越来越重视局部放电检测技术的发展，广泛地将局部放电监测作为电力设备状态监测的一个重要指标。

变电站内有许多高压设备，仅仅知道有无局部放电是远远不够的，需要准确定位到发生局部放电的位置。目前，局部放电监测主要针对气体绝缘封闭组合电器（Gas Insulated Switchgear，GIS）和变压器等单个设备进行，若要监测全站内各种电力设备，则需要在所有设备上都布置监测装置，效率低下，监测系统利用率不足，安装和维护成本极高。GIS 等结构复杂的电力设备体积庞大备用设备少，仅仅知道设备内部存在局部放电就将整个设备进行长时间的停电检修会带来很大的经济损失。此外，打开 GIS 全部设备进行检修可能会引入新的局部放电源，导致设备的绝缘状况进一步恶化。因此，局部放电定位可以及时发现并消除设备中的绝缘故障，对确保变电站的正常运行和电网的安全具有重要意义。

局部放电发生的过程中伴有声、光、电、磁和热等各种物理现象，以及会产生一些新的化学产物，根据以上物理或化学现象开发了相应的局部放电检测技术。常见的检测方法有：利用局部放电产生的电脉冲信号进行检测的脉冲电流检测法，利用局部放电产生的电磁波信号进行检测的特高频电磁波检测法，利用局部放电产生的机械振动波进行检测的超声波检测法，通过分析六氟化硫（SF_6）气体的分解产物进行判断是否有局部放电的化学检测法，利用局部放电产生的光信号进行检测的光测法，通过检测绝缘材料的介电常数来判断是否有局部放电的介质损耗法，利用局部放电产生的电脉冲信号进行检测的无线电干扰电压法。局部放电定位是基于各种检测技术，用多个传感器组成的传感器阵列检测局部放电信号，然后对检测到的局部放电信号进行分析处理。

3.4.1 脉冲电流检测技术

脉冲电流检测技术由英国电气工程学会提出，也是国际标准 IEC60270 推荐的一种检测方法，其检测频率范围为 3～30 MHz，可用于高压电缆、变压器、电抗器等设备的局部放电检测。脉冲电流传感器多采用罗氏线圈结构，其工作方式是检测流过接地线或中性点的局部放电脉冲信号，可以获得视在放电量、放电频次、放电相位等信息，以此来判断设备的局部放电类型和严重程度。罗格夫斯基根据麦克斯韦第一方程证明了围绕导体的线圈端电压可以用来测量磁场强度，因此这种线圈被称为罗氏线圈。

脉冲电流法由于具有检测灵敏度高、传感器携带方便、安装简单、可以对局部放电强度量化描述等优点，已被电网公司列入状态检修试验规程，成为提前分析和发现电力设备潜在缺陷的重要手段。然而，脉冲电流传感器的使用和安装方式限制了脉冲电流检测技术的应用范围，例如对于高压套管、电压互感器和电流互感器等容性设备，若其没有末屏引下线，则无法使用脉冲电流法进行局部放电的检测。脉冲电流法的检测原理是电磁耦合原理，而变电站内高压强磁环境会对检测结果产生干扰，因此，该方法的抗电磁干扰能力较弱。目前，脉冲电流检测法通常适合设备出厂试验和实验室小干扰环境下的局部放电检测。

3.4.2 特高频电磁波检测技术

每一次局部放电的发生都会有正负电荷的中和，伴随上升沿为纳秒或亚纳秒级的电流脉冲，并激发特高频（Ultra High Frequency，UHF）电磁波。特高频法使用天线传感器对局部放电激发的特高频信号进行检测，以获得局部放电信息。2006 年开始，国网北京电力、国网上海电力等公司率先引进特高频技术，并在现场检测中发现多起GIS 内局部放电案例，为特高频技术在国内的广泛应用积累了宝贵经验。

特高频法具有检测灵敏度高、检测范围广、抗低频电晕干扰的能力强、适合长期现场监测、可以实现变电站全站局部放电定位等优势，被广泛认为是局部放电在线监测技术中最具良好应用前景的技术。但是，特高频法也存在技术局限性，该方法易受到现场环境中特高频电磁波干扰，不能对绝缘缺陷劣化程度进行量化描述，外置传感器无法对已投入运行的全封闭电力设备进行局部放电监测。

3.4.3 超声波检测技术

超声波检测技术又称声发射（Acoustic Emission，AE）检测技术，利用超声波传感器接收设备内部局部放电产生的超声波脉冲。超声波检测技术最早在 20 世纪 40 年代被用于检测变压器内部的局部放电，但因检测灵敏度低、容易受外界干扰等问题没有得到广泛应用。但国家电网公司仅 2011 年安装的超声波局部放电检测装置数量就上涨了近 20 倍，超声波检测技术的实用性得到了运维人员的肯定。

目前，超声波检测法主要用于变压器、GIS 和开关柜等电力设备，分为接触式检测和非接触式检测两种。对于变压器和 GIS 的超声波局部放电检测通常用接触式传感器，将超声波传感器安装在设备外壳上以接收来自设备内局部放电激发的超声波信号。开关柜的超声波局部放电检测既可以使用非接触式传感器对柜体衔接缝处进行检测，也可以采用接触式传感器对内部传播到柜体表面的超声波信号进行检测。

超声波检测法属于非电检测方法，能够有效避开电磁干扰，实现良好的检测效果，此外，该方法还具有能够实现局部放电定位和应用范围广等优势。但是，超声波检测法易受机械振动干扰，放电类型难以识别。声波在空间中衰减很快，波速不稳定，因此，该方法一般适用于对单个设备小空间范围内的检测，不适用于变电站全站局部放电定位。

3.4.4   化学检测技术

六氟化硫（SF_6）是一种无色、无臭、无毒、不易燃的惰性气体，被广泛用作气体绝缘设备的主要绝缘介质。通常情况下，气体绝缘设备的可靠性非常高，但是其内部不可避免地会出现绝缘缺陷，引起局部放电的发生。电子相互碰撞将直接导致 SF_6 分裂形成 SF_5、SF_2 和 S_2F_2 等多种类型的低氟硫化物，若 SF_6 中没有杂质，这些低氟硫化物就会迅速复合成 SF_6，复合率可达 99.8%以上。而实际的气体绝缘设备中含有少量如空气、水、有机物、金属杂质等易与上述低氟硫化物产生一系列的化学反应，生成 SO_2F_2、SOF_4、SO_2、CF_4、CO_2、HF、H_2S 和 CS_2 等化合物。大量研究表明，这些化合物的种类和含量受放电类型、放电强度、电极材料、水分含量、氧气含量等影响，分析分解的化合物可以实现对 SF_6 气体绝缘类设备的局部放电诊断。因此，定期对 SF_6 气体绝缘设备中组分检测可以判断局部放电的总体情况。近些年相关研究人员针对局部放电条件下 SF_6 分解的机制与反应过程、SF_6 分解产物的化学检测方法以及影响 SF_6 分解产物的各种因素等问题进行了大量的研究，推动了化学检测法在局部放电检测领域的应用。

但是，化学检测法存在检测灵敏度不如传统方法，短时间内不易发现局部放电，在线监测技术尚不成熟等局限性，因此，化学检测法多用于离线检测与分析，与其他方法结合进行局部放电的检测和诊断。

3.4.5 光检测技术

在电场较为集中的区域，局部放电的作用会导致 SF_6 原子发生游离，而游离后又会发生复合并以光子的形式释放能量，离子的复合也会激发出不同频率的光谱成分，因此可以在电力设备内部安装光电传感器（例如光纤传感器、光电二极管和光电倍增管等）进行光谱成分测量，从而检测到局部放电信号。光电传感器一般安装在设备内部，几乎不受到电磁干扰，检测灵敏度高，可以实现局部放电定位。光学检测技术也有一定的局限性，该技术要求视距可见无遮挡，否则会有检测"死角"。SF_6 气体的光吸收能力随着气体密度（距离）的增大而增加，GIS 设备内壁光滑会引起光反射，以上都会给检测结果带来影响。GIS 设备有很多气室，需要气室内布置大量的光电传感器，检测费用高，此外，光学检测法不能应用于监测已投入使用的设备。

3.4.6 介质损耗分析法

当局部放电发生在绝缘材料中时，其产生的电荷必定会通过放电的形式消耗能量，因此，测量消耗能量功率的大小可以反映局部放电的激烈程度。另外，绝缘介质在局部放电的作用下会发生劣化的现象，可以通过测量固体绝缘介质的 $\tan\delta$ 值反映局部放电量。但该方法只能在停电的情况下的电气试验中进行，因此利用率不高。

3.4.7 无线电干扰电压法

研究表明，当发生电晕放电时，放电源会产生电磁波信号，通过无线电干扰电压表可以检测到局部放电的发生。此方法能够定性检测局部放电以及对局放源的初步定位，但是该方法只能接收到电晕放电产生的电磁波，适用范围较小。

对各种局部放电检测技术进行了总结和对比（见表 3-2），综合能否实现局部放电定位、在线监测以及技术成熟度来看，特高频检测技术适用于对变电站全站大空间范围内的局部放电进行定位，超声波检测技术适用于对变压器等单个电力设备在小空间范围内的局部放电进行高精度定位。

表 3-2   局部放电检测技术对比

检测技术	检测对象	检测范围	能否在线监测	能否定位	技术成熟度
脉冲电流	电缆及其附件、变压器等	小空间	否	否	成熟
特高频	GIS、变压器、开关柜、电缆附件等	小空间、大空间	能	能	成熟
超声波	变压器、GIS、开关柜等	小空间	能	能	成熟
化学	SF_6气体绝缘类设备	小空间	能	否	不成熟
光学	变压器、GIS 等	小空间	能	能	不成熟

4 智能化在线监测评估技术

4.1 智能化在线监测评估系统架构

4.1.1 系统架构

在发展智能电网的大背景下,智能变电站作为智能电网的一个重要环节,负责信息收集、智能预决策以及与调控中心、相邻智能变电站实施互动。此时,传统的变电站信息集成方案将不再满足新形势下智能电网对变电站的要求,因而需要在智能变电站内设置一个集中的基于统一数据源模型标准(IEC 61850)、对外支持订阅/发布通信机制、对内具有变电站全景数据支撑、具备智能高级应用预决策功能的智能在线监控测评系统来满足上述要求。

变电站智能化在线监测评估系统指的是一个集现代传感技术、信息技术、计算机技术以及各个领域尖端研究成果于一体的系统。基于监控主机和综合应用服务器,统一存储变电站模型、图形和操作记录、运行信息、告警信息、二次设备在线监测、故障波形等历史数据,运用系统分析方法,参考系统运行过程以及当前系统运行状态,对设备的运行情况和工作状态进行科学评估,并且详细记录设备的运行过程,从而达到实时了解设备运行状况的目的,方便维护人员更加科学准确地处理异常情况。智能变电站监控系统结构遵循 DL/T 860《变电站通信网络和系统》,其系统架构如图 4-1 所示。

(1)在安全 I 区中,监控主机采集电网运行和一、二次设备工况等实时数据,经过分析和处理后在操作员工作站上进行统一展示,并将数据存入数据服务器。I 区数据通信网关机采用直采直送方式与调度(调控)中心进行实时数据传输,并提供运行数据告警直传和运行数据 Web 浏览服务。

(2)安全 I 区监控主机具备完整的防误功能。

(3)在安全 II 区中,综合应用服务器与输变电设备状态监测和辅助设备进行通信,采集获得在线监视与诊断装置的信息,同时与故障录波器进行通信,实现对全站继电保护等二次设备的综合分析、故障诊断、智能运维和可视化展示,并将数据存入数据服务器。

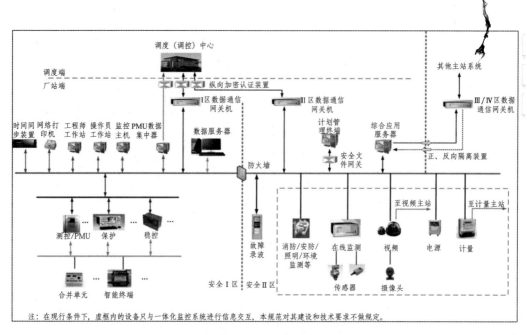

图 4-1 智能变电站监控系统架构示意图

（4）安全Ⅱ区数据通信网关机经过站控层网络从保护装置、综合应用服务器、故障录波器等处获取数据、模型等信息，与调度（调控）中心进行信息交互，提供信息查询和远程调阅等服务，并上送全站二次设备运行信息、保护专业信息、故障录波等信息。

（5）综合应用服务器通过正/反向隔离装置向Ⅲ/Ⅳ区数据通信网关机发布信息，并由Ⅲ/Ⅳ区数据通信网关机传输给其他主站系统。

4.1.2 功能结构

变电站智能在线监测评估系统的应用功能结构如图 4-2 所示，分为数据采集与存储、数据信息交互、五类应用功能三个层次。

五类应用功能包括：运行监视、操作与控制、信息综合分析与智能告警、运行管理、辅助应用。

4.1.2.1 运行监视

变电站智能在线监测系统通过间隔层设备实时采集全站模拟量、开关量、同步相量、录波信号、保护信号等各类信息量，对变压器、避雷器、绝缘子、高压开关设备、GIS 等进行在线运行监测。通过智能设备接口采集其他智能系统的数据，建立实时数据库、历史数据库，对间隔层或过程层设备的全部数据进行不断更新和存储。

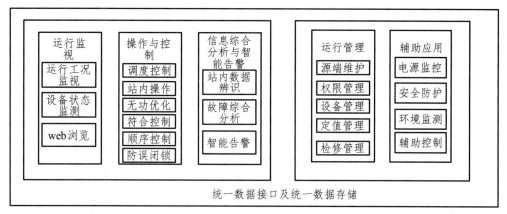

图 4-2　变电站智能在线监测评估系统的应用功能结构

4.1.2.2　操作与控制

操作与控制功能包括遥控、遥调、变压器挡位升/降/急停、保护压板投退、保护定值整定、信号复归、顺序控制、同期操作、五防闭锁操作等。

（1）支持直接执行、选择-返校-执行、遥控结果验证/无验证等各种控制模式。支持双席监控模式。支持双命令码验证。

（2）具有控制闭锁功能，包括：断路器操作时，闭锁自动重合闸；远方、本地、就地控制操作闭锁；自动实现断路器与隔离开关的闭锁操作；支持全站总挂牌闭锁和按间隔（回路）设备挂牌闭锁。

（3）支持顺序控制，也称为程序化操作，即预先定义好操作序列，实际操作时完全依照预先定义序列或者根据该序列自适应形成实际操作序列，以达到"一键操作"的目的。用户可使用图形界面或用户控制语言自定义控制序列及控制逻辑，如可以选择不同变电所的不同组电容器一起进行投切作为一个控制序列；控制序列可人工请求执行或事件触发执行。

（4）具有严格的操作权限管理，所有控制操作均需经过身份和权限检查，所有操作均记录入历史数据库。

4.1.2.3 信息综合分析与智能告警

信息综合分析与智能告警通过对智能变电站各项运行数据（站内实时/非实时运行数据、辅助应用信息、各种报警及事故信号等）的综合分析处理，提供分类告警、故障简报及故障、分析报告等结果信息，包含数据辨识、故障分析决策和智能告警三类。

4.1.2.4 运行管理

源端维护实现以变电站侧为源端，为集控/调度中心提供必要的模型、图形维护。通过源端提供的可自描述的模型文件，以实现模型的"统一维护，共同使用"，避免系统模型的冗余建设、提高建模效率，减轻建模强度，减少人为错误。

（1）权限管理。设置操作权限，根据系统设置的安全规则或者安全策略，操作员可以访问且只能访问自己被授权的资源。同时自动记录用户名、修改时间、修改内容等详细信息。

（2）设备管理。通过变电站配置描述文件（Substation Configuration Description，SCD）的读取、与生产管理信息系统交互和人工录入三种方式建立设备台账信息；通过设备的自检信息、状态监测信息和人工录入三种方式建立设备缺陷信息。

（3）定值管理。接收定值单信息，实现保护定值自动校核。

（4）检修管理。通过计划管理终端，实现检修工作票生成和执行过程的管理。

4.1.2.5 辅助应用

通过标准化接口和信息交互，实现对站内电源、安防、消防、视频、环境监测等辅助设备的监视与控制，包含以下四个方面内容：

（1）电源监控：采集交流、直流、不间断电源、通信电源等站内电源设备运行状态数据，实现对电源设备的管理。

（2）安全防护：接收安防、消防、门禁设备运行及告警信息，实现设备的集中监控。

（3）环境监测：对站内的温度、湿度、风力、水浸等环境信息进行实时采集、处理和上传。

（4）辅助控制：实现与视频、照明的联动等。

4.1.3 关键技术

4.1.3.1 基于面向服务的平台软件架构（Service Oriented Architecture，SOA）

SOA 构架指的是面向服务的架构，其实质上是一个组件模型，利用接口与契约将应用程序的不同功能单元连接起来，SOA 构架具有可重用、松耦合、明确定义的接口、无状态的服务设计以及开放标准等特点，可提升智能变电站设计平台的服务效率。

SOA 构架主要包含服务请求者、服务提供者以及服务注册中心 3 个角色。SOA 构架的主要操作为发布、查询以及绑定与调用，构建服务中心与服务描述。SOA 构架示意图如图 4-3 所示。

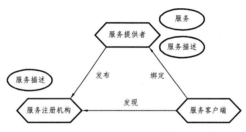

图 4-3 SOA 构架示意图

1. 平台架构

基于 SOA 架构搭建智能变电站设计平台架构，主要由站控层、站控层网络、间隔层、过程层网络以及过程层构成，简称为"三层两网"组网方式架构。其中，站控层主要包括数据通信网关机、综合应用服务器、工程师工作站、监控主机、操作员站、管理终端、同步相量测量设备等，功能为数据存储、管理、配置与监控等。间隔层包括测控装置、故障录播装置、计量装置、继电保护装置以及温控装置等，功能为保护、测控以及记录站内设备数量。过程层包括隔离开关、断路器、互感器以及智能组件等，功能为接收并执行上层下发的命令、实现设备接口功能等。站控层网络功能为联系站控层和间隔层，是通过局域网来实现的。在智能变电站系统中通常会具备一个统一的站控层网络，站控层包含的所有设备均具有唯一的 IP 地址，确保在整个网络的运行中不会出现 IP 地址冲突的现象，全站范围内的数据都是通过以太网交互接口的方式实现通信。过程层网络功能为连接过程层和间隔层，按照智能化变电站要求，其内部传输电流电压信号、四遥信号报文（遥控、遥测、遥信、遥调）等，所有信息以 SV 和 GOOSE

报文的形式传输。智能变电站设计平台架构如图 4-4 所示。

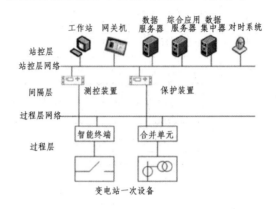

图 4-4 平台架构

2. 通用服务架构

基于 SOA 的变电站通用服务架构将系统分为三个层次，如图 4-5 所示，分别为应用层、协议层和通信层。在三个层次中又有对应的服务安全模块，保证基于 SOA 的变电站通用服务架构中服务调用的安全性。应用层包括应用服务接口规范和服务管理中心，应用开发人员按照应用服务接口规范的要求封装自己的应用服务，并通过服务管理中心发布或定位需要的应用服务。在进行应用封装时应用开发人员只需要使用协议层提供的基本服务接口和公共服务接口，而不需要关心它们的实现。在应用层之下的协议层为应用层提供基本服务接口和公共服务接口，两类接口按照通用服务协议的标准实现，从而确保系统在协议层的通用性。最底层为通信层，负责完成主子站之间的数据交换，通信层提供同步通信机制保证的跨系统的高性能数据通信。

4.1.3.2 数据辨识

数据辨识用于识别并剔除坏数据，并向数据的使用者提供必要的报警信息。

（1）智能告警数据辨识存在的问题。虽然目前绝大多数调度中心都已实现了三态数据的采集，但数据不稳定、可靠性有待提高是共性问题，也是导致智能告警实用化程度一直不高的最关键因素之一。例如在智能告警中的事故分析中，以往专家和学者提出了各种故障诊断算法，其正确性的前提均是数据可靠性高，但是在实际电网运行环境中，运行效果不甚理想，因为电网实际故障时的数据与理想情况下的数据是有差别的。导致这种差别的原因有以下两个方面。

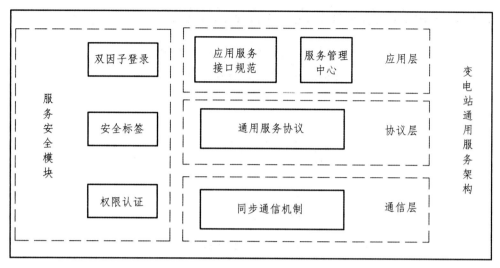

图 4-5　通用服务架构

① 数据传输不可靠，主要体现在电网故障时存在数据丢失、上送速度慢以及电网正常运行时存在误遥信等情况。以往故障诊断通过人工分析、综合多方面的信息实现对上述坏数据的辨识，而目前在线智能告警、故障分析等是通过计算机自动分析完成的。若不能实现对上述坏数据的辨识功能，就容易出现故障的漏判和误判，从而降低在线推理诊断的正确率，使得在线故障诊断功能失去可信度。

② 数据采集不可靠。最为典型的是采集信号的设备出现故障，例如传感器损坏、电源不稳定等。各种信号接入时，要考虑这些非正常情况。因此，在线智能告警、故障诊断等高级应用中的算法设计过程需要充分考虑电网数据现状，综合运用调度端的多源信息进行分析，以减小数据可靠性不高对在线故障诊断正确率的影响。

（2）辨识理论的对策。解决在线不确定性中各种问题，比如误报漏报问题的解决方法之一是综合利用调度端的各类数据，深度挖掘故障的特征信息，利用信息的冗余度，实现信息的校验与补充，提高在线实时诊断的正确率。特别是电网故障时涉及状态量和电气量两者共同的变化。状态量的变化主要来自于稳态数据，包括遥信变位信号、事件顺序记录（Sequence of Events，SoE）动作信号、保护动作信号以及事故总告警信号等；电气量的变化主要来自于动态数据和暂态数据，包括电压、电流的突变。状态量和电气量来源于不同的量测装置，因此，综合利用它们进行故障判断，有利于实现故障诊断信息的补充和校验，以解决在线故障诊断的漏判和误判。为此，数据辨识必须具有如下功能：

① 数据丢失处理技术。传统在线分析诊断方法大多采用网络拓扑分析的方法得到故障设备。在进行网络拓扑分析时，往往需要获取故障设备所有的开关变位信息，而在电网实际故障中经常出现故障设备一侧开关变位信息丢失或上送速度较慢等问题，从而导致无法定位故障设备。引入多源信息后，将保护动作信号、厂站事故总告警信号以及电压电流突变等故障特征信息作为电网发生故障的标志，利用故障设备一侧的开关变位信息进行网络拓扑分析，得到单端开断的设备，定位故障设备。通过上述处理，可以克服数据丢失或上送速度过慢导致故障漏判的问题。

② 数据校验（融合）技术。新厂站或新设备投运后开关、保护联动试验的遥信变位和开关节点抖动、通信异常等引起的误遥信是造成电网在线故障诊断经常出现误判的两个重要因素。解决上述问题的根本途径是引入电气量信息，作为状态量故障判断的校验，从电网故障机理分析可知，电网故障时电压突然降低、电流突然增大，利用同步向量测量装置（Phasor Measurement Unit，PMU）实测的三相电压、电流数据，采用模式匹配的方法，其计算公式如下：

$$\Delta U = U_{\varphi} - U_{\varphi|0|} \tag{4-1}$$

$$\Delta I = I_{\varphi} - I_{\varphi|0|} \tag{4-2}$$

式中，ΔU 为故障时电压突变量；U_{φ} 为故障后电压相量幅值；$U_{\varphi|0|}$ 为故障前电压相量幅值；ΔI 为故障时电流突变量；I_{φ} 为故障后电流相量幅值；$I_{\varphi|0|}$ 为故障前电流相量幅值。

（3）针对漏报误报的数据辨识。基于模式识别的数据辨识结构如图 4-6 所示。

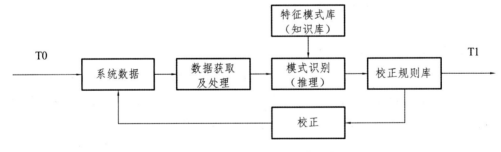

图 4-6 　数据辨识结构

该过程类似于一个专家过程，由以下四部分组成：

① 数据获取与处理。数据获取与处理主要用来从主站系统中获取数据，对这些数据进行处理，计算出电能量数据相应的指标。随着运行经验的积累，指标组可以越来

越丰富。

②特征模式库。特征模式也称作是数据辨识模型，相当于一个知识库，其中存放着各种需要辨识的数据特征模式的集合。特征模式的参数根据对象特性和现场运行数据建立模型。特征模式根据实际电网拓扑的变化而变化，另外，特征模式还与时间参数 T 有关。特征模式库是需要维护的，它决定了模式识别的可靠性。

③模式识别。模式识别起到了推理机构的作用，当拓扑关系发生变化时，从变化的节点双侧分别启动识别。采用以数据为驱动的正向推理方法，逐条判别是否符合特征模式：若符合，则执行校正规则；否则，继续搜索直至结束。

④校正规则库。校正规则根据被校正对象及运行中总结出来的经验汇总而成的校正方法集，是系统运行经验的总结和积累。对于前面提到的特征模式，采用自动校正为准则。

对于划分的特征模式，应设不同的校正规则与其相匹配。第一种情况，如果是厂站和采集均正常，不需要进行校正；第二种情况，如果是某一个厂站内的采集问题，则通过判定确定为采集回路方面的问题，快速反应到现场进行运行维护，处理好后通过校正规则进行处理；第三种情况，如果是厂站和采集设备同时出现的问题，则通过判定确定为采集终端等方面的问题，同样快速反应到现场进行运行维护，处理好后通过校正规则进行处理；第四种情况，反应出来的是厂站出现的问题，则通过判定确定为通信通道或采集终端方面的问题，通过加入通信通道识别因素进一步确定故障特征，处理好后通过校正规则进行处理。所以校正规则可以很快地确定造成数据错误的原因，大大缩短处理所需要的时间。

4.1.3.3　数据远传技术

监控系统通信对象所采用的通信标准非常宽泛，从 IEC 61850 到 IEEE 1344，从 IEC 104 到 Modbus，即使同是 IEC 104 规约，在不同的地域也有不同的需求差异，需要基础平台的通信功能具备广泛适应性。广泛适应性还体现在通信介质的多样性上。新型远动机需要支持当前所有主流的通信介质，如 RS232/422/485、CANBus、通信光纤、以太网及 USB 接口。通信介质的多样性，必然增加通信驱动程序管理的复杂性，同时也加大通信程序的开发难度。为此，建立框架式的通信规约库，框架平台提供一个统一的抽象链路层，由该层统一管理各种驱动程序，并对外提供一个统一的描述符。通信程序的开发完全可以忽略通信介质的类型，而各个驱动的硬件参数，都是由组态工具对统一抽象的通信链路层进行组态设置，与具体的应用规约程序无关，极大地方便了通信协议程序的开发。不同通信介质的统一驱动结构如图4-7所示。

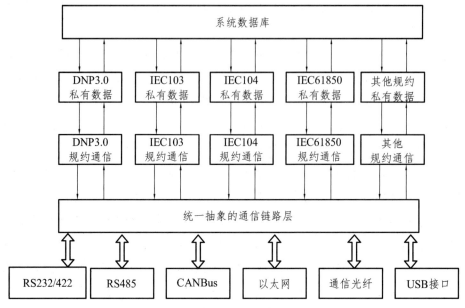

图 4-7 不同通信介质的统一驱动结构

基础平台的通信规约应可以实现动态扩展。它借鉴操作系统中驱动程序（Drivers）的思想，处理规约各异的外部通信节点。系统首先制定统一的驱动程序接口标准，针对每种规约，开发相应的驱动程序，或称规约插件（Plug-in），以动态库方式提供；然后在数据库中，为每一具体的通信节点配置其规约类型；运行时可以自动在规约插件和通信节点之间建立关联，对于新的通信标准，只需开发新的规约插件。

4.2 监测数据采集及交互

4.2.1 系统架构

站内全景数据中心平台是智能电网全网信息系统的关键组成部分。它将统一和简化变电站的数据源，保证基于同一断面信息的唯一性和一致性，以统一标准的方式实现变电站内、外的信息采集、交互与共享，形成纵向贯通、横向导通的电网信息支撑平台。

全景数据中心平台实现变电站三态数据、设备状态、图像等全景数据综合采集技术。根据全景数据的统一建模原则,实现各种数据的品质处理技术及数据接口访问规范,同时开发满足各种实时性需求的数据中心系统,为智能化应用提供统一化的基础数据。

数据中心平台包括数据采集、数据质量管理、数据建模、数据交互四个方面的功能,系统构成如图4-8所示。数据采集负责为整个数据库提供数据来源,包括电网运行数据、电网模型数据、资产运维数据、设备台账数据和在线监测数据,另外它还负责监测接口,确保接口正常运行。数据质量管理负责保证接入数据的质量,包括质量标准定义、质量评估及初步数据矫正工作。数据校验的方式主要是如下几种:针对设备台账数据、资产运维数据等静态数据,从数据完整性、一致性、准确性和规范性进行校验;针对在线监测数据,从数据传输的及时性、完整性和准确性进行校验。数据建模指根据接入的数据基于 IEC 61850 标准结合实际的生产和维护建立数据模型;数据交互则是依据数据中心提供的大数据快速检索和聚合技术,支持大数据平台提供的多源异构数据信息高速存取和多维信息检索、数据抽取等功能;利用数据特征提取、数据关联规则挖掘、数据聚类分析等技术,开展数据挖掘分析研究,设计高效算法,构建数据完整、快速关联关系;从历史数据和实时数据中快速获取并聚合业务所需的数据内容和数据检索结果。

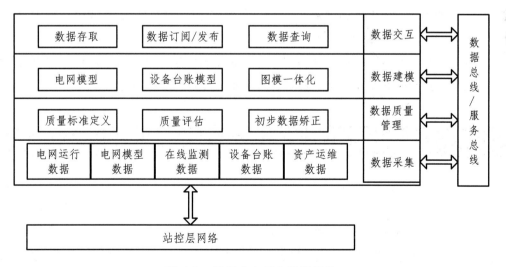

图 4-8 数据中心平台系统结构

4.2.2   数据采集

数据涵盖电网稳态、动态和暂态运行信息，需要采集的信息来源见表 4-1。

表 4-1   采集信息来源

稳态运行信息	动态运行信息	暂态运行信息
馈线、联络线、变压器各侧、电容器、电抗器、母线电压等	三相基波电压、电流、频率、频率变化率等	保护动作信号、定值信息等

4.2.2.1   数据接入管理

数据接入包括接入和接口监视功能，数据包括电网运行数据、电网模型数据、资产运维数据、设备台账数据和在线监测数据，数据接入应符合《输变电设备状态监测评估系统数据接口与协议》及《输变电设备状态监测评估系统数据规范》的要求。

4.2.2.2   接入设置

（1）接入数据包括电网运行数据、电网模型数据、资产运维数据、设备台账数据和在线监测数据。

（2）支持数据的全量、增量及指定时段数据接入，支持数据接收方召唤和数据发送方主动推送等方式接入。

（3）可对数据来源、数据交换频率、数据交换方式等进行维护。

（4）在数据接入过程中，根据事先定义的数据规范进行数据校验和处理。

（5）管理数据接入范围，必要时剔除不符合条件的数据。

4.2.2.3   接入监测

接入监测的主要目的是保证数据同步的及时性和完整性。具体的功能包括通信链路监测及远端主机状态监测。监测范围涵盖底层的综合处理单元直至网级主站之间的通信链路以及主机状态。接入监测具体的工作方式分为：轮询、持续监测、手工检测等。另外还应监测企业级的数据接入。

（1）设计可视化界面，用于监控数据采集过程和采集结果；数据接口具备自检功能，当通信链路中断或服务器发生故障时及时发布故障信息。

（2）当数据传输过程中发生故障时，记录相应接口，故障修复后实行数据补采或重传。

（3）为纵向、横向接口接入监测设计日志功能。

（4）网省两级可共享接口监测结果。

4.2.3 数据质量管理

数据质量管理包含数据质量标准和规则定义、质量校验、数据修正和数据质量报告等方面，涵盖主站系统全部的数据，包括电网模型数据、电网运行数据、资产运维数据、设备台账数据和在线监测数据。

4.2.3.1 数据质量校验

（1）检验资产运维数据的完整性、一致性、准确性和规范性。

（2）检查电网运行数据和在线监测数据的完整性、及时性、准确性和合理性，检查指标涵盖数据上传正常率、上传及时率、数据超阈值率等。

（3）根据数据质量配置数据质量码，以不同颜色区分数据质量。

（4）针对数据质量存在问题的数据进行自动标识。

（5）针对数据建模的模型异常数据进行校验，并对结果提供人工审核、统计。

4.2.3.2 问题数据处理

（1）针对问题数据，设计相应的模块以便人工审核。

（2）设计相应的模块记录审核日志和审核理由，并提供审核修改后的数据还原功能以及人工选择修改的记录是否覆盖的功能。

（3）系统可以根据预定的规则自动修正数据，对监测过程中的异常数据能自动标示和处理，同时可以判断并处理装置误报的情况等。

4.2.3.3 数据质量报告

（1）系统可以根据预先定义的模板自动生成全网数据质量日报、月报、季报。

（2）针对系统生成的数据质量日报、月报、季报，系统提供人工修改、导出、打印和发布的功能。

（3）系统支持数据质量报告模板的新增、修订和配置。

4.2.3.4 校验规则配置

（1）系统可管理和维护相应的数据种类、数据范围配置。

（2）系统预先建立了数据校验规则库，后续可根据实际情况增加、删除相应的校验规则。另外，系统也支持规则库的版本管理。

（3）规则库的配置具备规则组合、规则生效、导出等规则管理功能。

4.2.4 数据建模

数据建模依据 IEC 61850 标准。IEC 61850 为变电站内、变电站之间及变电站和控制中心之间数据和信息的传输提供了标准服务，对不同来源的同一类型数据，例如对来自生产系统的设备台账数据和来自调度系统的电网模型数据进行关联建模，以支撑设备状态监测评估系统。其核心基础是统一电网模型，是打通 CSGII 系统（六大企业级应用系统：资产管理系统、财务管理系统、人力资源管理系统、营销管理系统、协同办公系统、综合管理系统）与调度自动化系统、计量自动化系统、输变电在线监测系统等跨电网业务领域的关键。数字电网平台统一电网模型以电网拓扑、设备信息模型、主题实例模型为核心，基于此衍生出电网量测模型、用户用电模型、区域气象模型、国民经济模型及电网业务模型。具体的实施步骤如下：

（1）根据电网模型、设备台账及在线监测装置台账建立关联，最终构建企业级的设备台账模型。

（2）通过关键字匹配实现不同源的数据模型之间的自动匹配，同时支持手动匹配。

（3）遇到问题数据时，系统应自动标识数据。

（4）按照电网级别、地点、类型、电压等级等多个属性查询过滤需要建模的数据。

（5）建模结果可导出，针对存在差异的模型数据进行管理。

（6）根据实际情况对监测装置台账信息进行更新维护，对在线监测装置是否临时停用、检验记录等信息进行设置。

4.2.5 数据交互

监控系统通过采用服务总线，为主子站间实时类应用的交互提供高效可靠的通信机制、实时访问接口以及总线管理功能。服务总线提供一种通信手段，为上层应用屏蔽了实现数据交换所需的底层通信技术和应用处理的具体方法，支持应用请求信息和响应结果信息的传输。

服务总线分为服务提供者、服务管理中心和本地服务消费者三个组成部分，为应用提供服务的注册、发布、请求、订阅、确认和响应等信息交互机制，同时提供服务管理的功能，以满足应用功能和数据的使用和共享。

在通信方式上，服务总线提供了请求/响应和订阅/发布两种通信方式，以满足不同的业务需求。同时，服务总线为上层应用程序提供了一组服务原语（操作），包括对需要成为服务总线上的服务进行服务封装和注册、对服务总线上的服务进行管理、对服务总线的使用者提供服务调用等功能。

服务总线中的服务提供者可以通过通用服务总线提供的数据格式转换、传输协议转换等方式接入通用服务总线中，成为通用服务总线的服务，接受通用服务总线的统一管理，参与通用服务总线的流程编排和整合。

一个完整的服务调用流程包括服务注册、服务定位、服务位置、服务请求和服务响应五步。具体的服务调用流程如图 4-9 所示。

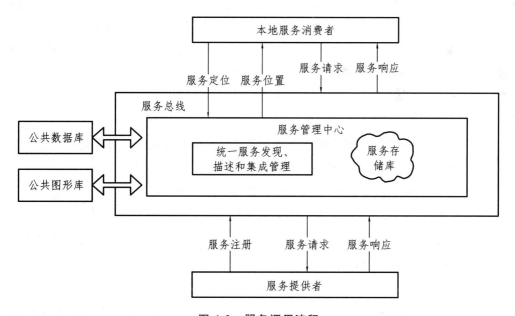

图 4-9　服务调用流程

4.2.5.1 服务总线架构

完成一次服务调用包含服务提供者、服务消费者和服务管理中心三个组成部分。

（1）服务提供者。服务提供者是提供具体服务的进程，负责服务功能的具体实现，接入到服务总线上，可直接对外提供服务，并通过注册服务操作将其所提供的服务发布到服务管理中心，当接收到服务消费者的服务请求时，执行所请求的服务。

（2）服务消费者。服务消费者是服务执行的发起者，首先需要到服务管理中心查找符合条件的服务，然后根据服务描述信息进行服务绑定/调用，以获得需要的功能。

（3）服务管理中心。服务管理中心是服务总线的核心组成部分，主要完成对服务提供者提供服务注册和状态更新功能；对服务请求者提供服务定位功能；对已注册服务进行服务监控功能。服务管理中心能够屏蔽服务的部署细节，实现对服务的透明访问。服务管理中心还提供服务监控功能，用于监视服务工作状态，以便对其进行管理。

4.2.5.2 数据订阅

（1）数据中心通过注册订阅的方式对外提供数据服务。
（2）支持注册订阅的增加、删除、更新等功能。
（3）为数据服务注册订阅提供日志管理、记录、查询、跟踪等功能。

4.2.5.3 数据查询

（1）数据查询接口符合通用标准，便于数据订阅者查询数据。
（2）提供日志管理功能，记录、查询、跟踪数据查询日志。

4.3 多维监测数据并联分析与评价

多维监测数据并联分析与评价，即数据综合分析与智能告警功能，作为智能变电站基础高级应用之一，通过对运行监测数据的综合分析处理，建立变电站故障信息的逻辑和推理模型，运用专家系统等人工智能分析手法实现对电网状态的快速评价诊断，一定程度提高变电运行人员事故判断的准确性与处理故障的及时性。多维监测数据并联分析与评价系统包括数据辨识、故障分析决策和智能告警三类。

4.3.1 数据辨识

智能数据辨识的主要功能是依据获取到的设备信息关系，进行实时拓扑分析，同时对采集到的实时数据进行分析辨识，标识出不合理数据和不良数据，为电网其他应用提供更准确可靠的基础数据。

数据辨识模块的主要功能可分为合理性检测和不良数据检测，变电站站端数据辨识的结果可以为运行人员提供数据预警信号。同时，数据辨识模块也是站端分布式状态估计的基础功能，并为主站侧的状态估计提供数据参考。数据辨识的主要步骤是先从数据采集与监控系统（Supervisory Control and Data Acquisition，SCADA）数据库读取量测量和状态量等信息，然后根据拓扑分析结果对不良数据进行标识辨别，再做第二次拓扑分析。在该结果基础上做数据合理性检测和不良数据检测，最后在监控后台画面显示数据辨识结果。

变电站端数据辨识主要完成以下功能：

（1）检测三相量测是否平衡。

（2）检测变压器功率量测总和是否平衡。

（3）检测并列运行母线电压量测是否一致。

（4）检测同一间隔的有功、无功、电流、电压、功率因数量测是否匹配。

（5）检测电容电抗器无功与电压是否匹配。

（6）检测变压器分接头位置与母线电压是否匹配。

（7）检测开关刀闸位置与量测是否一致。

（8）检测量测量是否在合理范围。

（9）检测量测量是否发生异常跳变。

4.3.2 故障分析决策

故障分析决策是系统通过预设定的条件对一次故障中采集到的多个装置的所有相关数据进行分类，最终将一次故障的所有相关数据筛选打包，并在此基础上进行综合故障信息综合分析。

一次故障是指当电网出现故障并被保护等二次设备感受到以后，通过断路器跳闸从系统中切除运行的故障设备，其后故障点或区域通过自动重合恢复通电，或者故障设备被永久隔离在一次故障过程中包含的故障信息涵盖了故障发生、发展、切除的全过程以及保护装置、故障录波器的启动、动作和断路器的开合过程。根据不同设备的行为及信息来源，可以分成保护装置、间隔、变电站、电网等不同层次的故障信息组织结构。

故障信息综合分析决策系统要实现以下应用：

（1）有效管理故障时刻的故障量、录波数据、告警信息、定值、保护版本等关联信息，将故障关联数据分类整理并形成一次故障完整的综合信息，为继保专业人员提供故障时刻信息完整的综合展示。

（2）综合稳态数据、暂态数据和动态数据对故障过程进行全景事故推演。

（3）建立故障分析模型，依赖故障分析专家系统进行智能分析，推断可能的故障位置、故障类型和故障原因，并给出故障恢复策略，指导运行人员快速进行故障恢复或通过故障恢复策略引导智能控制模块自动进行故障的修复。

4.3.2.1　故障信息综合分析

故障信息综合分析是系统通过预设定的条件对一次故障中采集到的多个二次设备、一次设备的所有相关数据（包括保护事件、录波、SOE、故障参数等）进行分类，最终将一次故障的所有相关数据筛选打包，并在此基础上进行综合故障诊断综合分析。

电网在一次故障过程中产生的故障信息的组织模型及处理过程，包含以下几个步骤：

（1）收集保护动作事件、录波数据等信息，形成详细的保护装置动作报告。

（2）收集开关变位上送的带时标的 SOE 信息，形成详细的一次设备信息报告。

（3）收集录波器产生的录波文件、录波故障报告头文件格式（Head Description of Recorder，HDR）文件等数据生成集中录波报告。其中，录波 HDR 文件是按国网要求组织的故障简况的基于可拓展的标记语言（Extensible Markup Language，XML）文件。

4.3.2.2　故障设备诊断分析

电网故障信息采用通用层次表述方法，屏蔽了由智能装置对规约实现的差异性和不同扩展功能带来的上送故障信息内容和格式的不确定性问题。

针对现场实际问题，结合系统实际运行情况，学习保护专家的这种判别方式，根据时间规则、保护事件信息、录波分析信息、SCADA 信息等多端信息来进行故障信息综合分析、综合判断，提出了基于时空预处理的模糊专家系统的故障信息综合分析方法。此方法采用了多源数据，对时间同步问题和设备在空间上的拓扑关系进行了预处理，解决了原来对保护类型、时间的过多依赖等问题，而且能根据录波分析结果屏蔽保护测试时的上述信息。模糊专家系统的采用更好地解决了多种接线方式（尤其是 3/2 接线方式）下主备保护配合时的多装置信息故障的问题。

进行模糊专家系统的故障信息综合分析后，系统不仅能提供装置级动作报告，还能提供站级故障报告和电网级故障报告，是对智能变电站运行的有利补充。

4.3.3　智能告警

智能变电站良好的网络，为全站信息的上送提供了可能，其面对大量的告警信息，根据运行需求对信息进行综合分类管理，实现全站信息的分类告警功能。根据告警信息的级别实行优先级管理，方便重要告警信息的及时处理，有助于智能变电站应对各类突发事件。综合推理和分析决策报告将准确地提供必要的与事故和异常相关的信息，同时包含该事故和异常的一般性处理原则和推荐方法，协助运行人员及时地分析和处理事故，削弱事故对电网的影响和危害性。

智能告警技术研究主要包括两个方面：一方面是数据处理，研究利用变电站内冗余的多源三相量测、告警信息、保护信息等数据智能融合技术，对原始信号进行预处理，有效地将拓扑错误和模拟量坏数据在本地剔除，解决智能告警所需数据的误报漏报问题；另一方面是智能推理，利用变电站系统相对大电网来说规模小、易于建立模型的特点，研究选择合适的理论，利用融合技术得到数据，使得智能告警在线分析能够更上一个台阶。

4.3.3.1　告警信息分类及预处理

传统告警按照时序显示，在智能告警中应当对告警信息进行信息分类及事件分析预处理。告警信息分类应保证当智能变电站出现故障时可以最快速度辨别出设备的真实工作状况，并最大限度地降低告警信息数量。根据这个原则，将智能变电站智能告警信息分成 6 类。

（1）事故类告警信息。这类信息指电力系统内一次设备的控制单元动作，导致智能变电站设备运行状态发生改变的信号，主要包括：一次设备运行故障的动作信号、继电保护装置的动作信号、安全自动装置的动作信号以及其他严重故障的信号。当出现此类告警信息时，工作人员必须第一时间进行监测和故障处理。

（2）设备运行告警信息。此类信号与电力系统中设备运行参数相关，其运行值超出运行允许的范围，包含电气设备的电流、电压、主变油温、母线差流、弹簧压力等。

（3）GOOSE 告警信息。此类信息是智能变电站新增的信息，交互的主要是开关量位置、保护跳合闸以及告警信息等。当 GOOSE 链路通信异常时，运行人员快速定位通信关联的设备以及影响范围。

（4）采样值（Sampled Value，SV）告警信息。此类信息是智能变电站新增的信息，交互的是交流量采样值。当 SV 数据异常或两路 SV 数据不一致时，影响控制设备的运行，应立即处理。

（5）开关刀闸位置信息。这类告警信息主要反映设备的分、合位状态。

（6）操作记录信息。这类告警信息主要针对监控系统中用户进行的登录以及注销操作。除此之外还包括对设备进行一般操作时出现的一些伴随信号。

4.3.3.2　告警信息展示

告警信息分类后，就能根据告警信息的类别进行分类展示。当同时产生多条告警信息时，一些重要的告警信号如事故告警、GOOSE、SV 告警等就会被筛选出来，并通过页面进行展示。告警信息分类显示界面如图 4-10 所示。由于筛选后的告警信息数量较少，运维人员可以很快从中找出设备故障点，并迅速解决。

图 4-10　显示界面

5 智能化操作技术

5.1 智能化过程层架构

IEC 61850 标准采用面对对象技术，采用分层、分布的结构体系设计方法，将智能变电站分为站控层、间隔层和过程层。间隔层通过站控层网络以及过程层网络与站控层以及过程层互换信息，并且站控层网络与过程层网络均是相对独立的组网。站控层、站控层网络、间隔层、过程层、过程层网络组成智能变电站的"三层两网"体系结构，如图 5-1 所示。

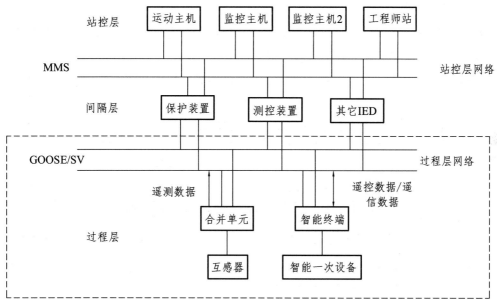

图 5-1 基于 IEC 61850 的智能变电站"三层两网"结构

过程层数字化直接改变了变电站的信号采集方式，同时也是变电站智能化的基础条件。过程层数字化具有抗干扰能力强、线缆使用少、易于维护以及便于信息的共享等优点。过程层设备由互感器、智能一次设备及智能终端等自动化设备组成，作为一次设备和二次设备的接触面，过程层起到了将一次设备和二次设备有机结合的作用，具备以下的几种功能：

（1）实时模拟量采集功能，即通过合并单元与电子式互感器接口对电流、电压等实时电气量进行瞬时值的采集。

（2）运行设备的状态参数在线采集功能，可对变电站的变压器、避雷器、断路器、母线等设备的温度、压力、湿度、绝缘强度、机械特性及其他表征设备工作状态的数据进行实时采集。

（3）操作控制功能，过程层设备应能执行来自间隔层、站控层设备的控制命令，进行断路器的驱动。

5.1.1 互感器

互感器是智能变电站的关键组成设备，安装于继电保护设备、测量仪表与一次回路之间。在变电站内，互感器的作用是将一次侧的高电压或大电流按一定的比例变换成二次侧的低电压和小电流，供在线监测装置或测量仪表进行数据计量和信号采集；同时，在电力系统故障时反映电压、电流波形，与继电保护和自动装置配合，对电网的各种故障构成保护和自动控制。目前智能变电站中多采用电子式互感器，相对于传统电磁互感器绝缘性能差、信号采集动态范围小、无法实现信号准确采集的问题，电子互感器具有绝缘结构简单可靠、负载性好、动态范围大、频率范围宽、系统精确度高等优点。

电子式互感器是一种基于现代光学技术、微电子技术基础上的新型电流、电压互感器，采用特殊结构的空心罗氏线圈，借助低功耗铁心线圈的电子式电流互感器。电子式互感器组成上包括电工学电子式互感器和光学电子式互感器，其中电工学电子式互感器属于有源型，光学电子式互感器属于无源型。电子式互感器的分类如图 5-2 所示。

电子互感器由传感单元、采集单元和传输系统组成，系统通用框图如图 5-3 所示。其中，一次传感器为传感单元，主要作用是将一次侧高电压、大电流信号转换为适合采集的小电压、小电流信号；一次转换器为采集单元，用于对传感单元输出的信号进行调理、滤波、A/D 转换等，并通过微控制器将 A/D 转换的数据按 IEC 60044-7/8 格式组帧，通过光纤等传输介质发送给合并单元；二次转换器通常集成在合并单元内部，一般不作为单独的构件出现，合并单元将多个电子式互感器的数据采集、处理后，按 IEC 61850-9-2 格式发送给保护、测控和计量设备使用。

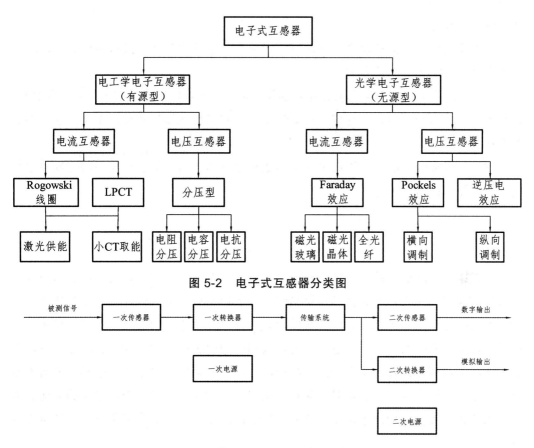

图 5-2   电子式互感器分类图

图 5-3   电子式互感器系统通用框图

合并单元（Merging Unit，MU）是用以对来自二次转换器的电流或电压数据进行时间相关组合的物理单元。合并单元可以是互感器的一个组件，也可以是一个独立单元。合并单元功能模块包括串口发送模块、多通道信息采集模块、同步模块等，如图5-4 所示。

目前典型的合并单元架构如图 5-5 所示。在 AD 采样环节，目前各厂家均采用了保护通道采样双重化的方案，但数据处理核心器件数字信号处理模块（Digital Signal Processing，DSP）和现场可编程门模块（Field-Programmable Gate，FPG）则采用了单重化的方式。图中 DSP 负责就地采样、级联数据接收和同步、合并等任务；现场可编程门阵列（Field-Programmable Gate Array，FPGA）完成以太网数据包的接收和发送等处理工作。

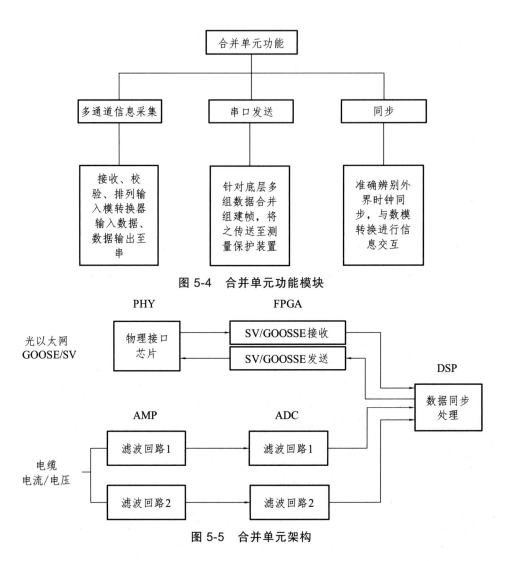

图 5-4　合并单元功能模块

图 5-5　合并单元架构

5.1.1.1　合并单元数据可靠性

合并单元在智能变电站中的大量使用使得合并单元中的数据成为了保护控制设备的公共数据源，实现了保护控制设备的数据共享，带来明显的应用优势。但如果共享数据出错，保护控制设备也必然受到影响，产生误动、拒动或性能下降等现象，严重时可能导致停电事故，影响电网安全。

随着器件加工工艺向亚微米门信号宽度迈进，存储器产品的单元尺寸继续缩小，存储器件中的临界电荷量也相应减小，使得它们对软错误率（Soft Error Rate，SER）

的自然抵御能力下降。而对于智能变电站合并单元中复杂性较高的装置，需要采用集成度很高的 DSP 和 FPGA 器件，因此发生 SER 软错误的概率大大增加。

当合并单元装置发生 SER 故障时，装置大多数情况下仍然可以运行并输出错误的 SV 数据，产生严重的后果。通过借鉴类似传统保护硬件双重化的思路，设计基于双数据流合并单元各个数据环节防误方案，如图 5-6 所示。模拟量的采样环节、数字量的接收环节、数据的处理环节、数据的发送环节均采用了完全双重化的思想，确保单一元器件故障不会导致 AD1 和 AD2 的数据同时出错。相比图 5-5 所示架构，该方法增加了 DSP、FPGA 等的应用，硬件成本有所增加但不显著。

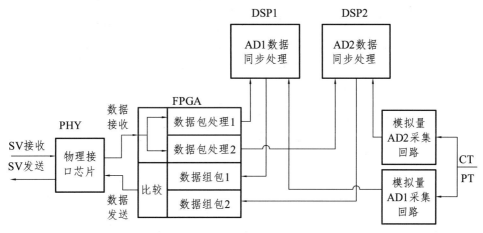

图 5-6　防 SER 合并单元架构

5.1.1.2　合并单元同步方法

数据同步是指变电站二次设备需要的所有采样数据应在同一时间点上采集，即采样序列的时间同步，以避免相位和幅值产生误差。合并单元数据同步通常有两种方法，插值同步法和脉冲同步法。

1. 插值同步法

对于外部报文点对点输入，由于互感器本体采样模块并不与合并单元同步，一般采用插值方法进行同步处理。如图 5-7 所示，合并单元利用硬件锁存外部数据到达时间，减少装置应用程序处理时间影响，将数据到达时间减去采样延时作为合并单元采样时刻。合并单元根据外部数据采样时刻和需要重采样的时刻，采用拉格朗日插值、牛顿插值等插值算法实现采样同步。

2. 脉冲同步法

脉冲同步法直接利用全局同步脉冲来控制各路模拟量采样。对于同步采集方式，只要电子式互感器在合并单元发送脉冲时刻采样，就可以认为外部输入与合并单元同步。装置采样与时钟同步采用图 5-8 所示方式进行。合并单元根据输出采样率设置合并单元中断频率，在装置时钟整秒翻转时产生每秒的第一个中断，在每个中断产生同时，触发锁存采样，这样保证采集到的数据为中断时刻数据，与装置时钟始终同步。对于接收组网的外部 9-2 报文，由于全站同步，只要报文中采样计数与合并单元本身的时钟一致，可以认为外部输入与合并单元同步。

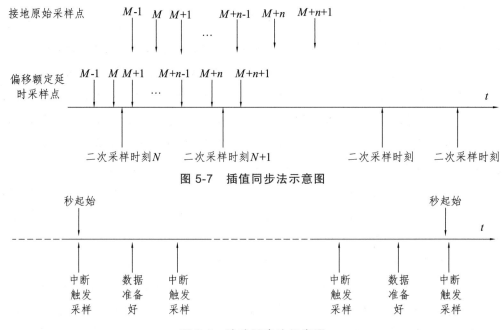

图 5-7　插值同步法示意图

图 5-8　脉冲同步法示意图

5.1.1.3　对时和守时

合并单元时间同步的精度直接决定了合并单元采样值输出的绝对相位精度，继而影响到后续测控、PMU 装置的精度，要求合并单元对时精度小于 $1\mu s$。

智能变电站中，常见的对时方式有 IRIG-B 码对时、IEEE 1588 精确时间协议及简单网络时间协议（Simple Network Time Protocol，SNTP）。IRIG-B 码对时在系统中应用多年，可用于全站所有设备的对时，需要单独对时网络。IEEE1588 对时要求设备以太网芯片硬件能够支持时间戳的生成。SNTP 对时也是一种基于以太网的对时协议，其对时原理与 IEEE 1588 相似，主要采用客户机/服务器模式，对交换机也没有特殊要求，在智能变电站中一般用于后台系统和远动机的对时。

方案一：站控层设备（户内布置）对时采用 SNTP 方式，间隔层设备（户内布置）对时采用 IRIG-B 方式，过程层设备（户外布置）对时采用 IRIG-B 方式。该方案站控层对时采用网络对时方式，间隔层对时输入采用电信号对时方式，现场需敷设电缆对间隔层保护装置、测控装置等设备点对点予以对时，过程层对时输入采用光信号对时方式，现场需敷设光缆对过程层合并单元、智能终端（需有对时接口）设备点对点予以对时。

方案二：站控层设备（户内布置）对时采用 SNTP 方式，间隔层设备（户内布置）对时采用 IRIG-B 方式，过程层设备（户外布置）对时采用 IEEE 1588 网络对时方式，该方案站控层对时采用网络对时方式，间隔层对时输入采用电信号对时方式，现场需敷设电缆对间隔层保护装置、测控装置等设备点对点予以对时，过程层对时输入采用 IEEE 1588 网络对时方式，该方案利用过程层 GOOSE 网交换机即可实现，只需将时间同步系统通过光缆接入过程层中心交换机，通过交换机对过程层设备授时，该方案对过程层交换机要求较高，但对时精度高，并节约了与过程层点对点的光缆及敷设施工。

方案三：站控层设备（户内布置）对时采用 IEEE 1588 网络对时方式，间隔层设备（户内布置）对时采用 IEEE 1588 网络对时方式，过程层设备（户外布置）对时采用 IEEE 1588 网络对时方式。该方案站控层对时采用 IEEE 1588 网络对时方式，间隔层、过程层对时输入采用 IEEE 1588 网络对时方式，该方案利用过程层 GOOSE 网交换机即可实现，只需将时间同步系统通过光缆接入过程层中心交换机，通过交换机对间隔层、过程层设备授时，该方案对过程层交换机要求较高，并且要求间隔层保护装置、测控装置等设备具备接收 IEEE 1588 网络对时，但对时精度高，并节约了与间隔层设备点对点的电缆及敷设施工和与过程层点对点的光缆及敷设施工。

合并单元守时性能要求装置在时钟丢失 10 min 内，内部时钟与绝对时间偏差保证在 ±4 μs 范围。合并单元一般利用外部时钟的秒脉冲宽度对装置晶振频率进行调整补偿，在时钟正常时计算补偿系数，在外部时钟消失后通过使用该补偿系数重新计算晶振的频率，从而使外部时钟消失后 10 min 内依靠装置晶振频率运行，也能满足 ±4 μs 范围偏差要求。

合并单元的对时守时系统结构如图 5-9 所示，此系统主要基于 FPGA 实现，FPGA

内部由 IRIG-B 码解析模块、脉冲检测模块、样本统计模块、本地秒脉冲产生模块及 CPU 接口模块组成。FPGA 接收 IRIG-B 码流信号，经过综合处理形成高精度本地秒脉冲信号；CPU 作为管理接口与 FPGA 交换实时信息，实现系统时间同步。

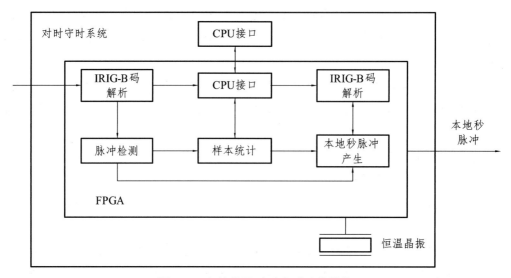

图 5-9　合并单元对时守时系统结构

5.1.2　智能一次设备

变电站一次设备智能化建设是指实现断路器、变压器、隔离开关等设施的智能化，使其具备自主监测、自动控制与调整、自主预警、智能通信等智能化功效。变电站一次设备的智能化、自动化是当前我国电力产业的发展必然趋势，其对于保证变电站安全和可靠运行有重要作用。

5.1.2.1　智能变压器

智能变压器在智能化变电站中占据重要位置，其相关组件均可被应用于传感器，从而实现一体化设计的最终目的，同时，也可以在间隔层或者是检测层发挥其功能，主要体现在检测、测量、计量和保护等。智能化变压器充分发挥传感器和控制单元间的功能，对变压器的运行状态进行全面检测，从而强化变电站的智能化、数字化功能。当变压器出现意外或故障时，可直接隔离并保护设备，并将设备的相关信息传输到集中监控室，检修维护工作人员可以按照提供的信息进行故障排除。目前，变压器智能化的核心专家诊断系统还需要积累大量的运行数据，挖掘设备运行特性，研究诊断方法、开发分析系统，从而实现设备状态诊断智能化。智能化变压器状态检测系统结构如图 5-10 所示，详细功能如下：

（1）数据采集。对主变本体的运行信息进行采集，如主体油箱、分接开关和油位等遥测信息，同时，也可以及时获得分接开关位置、气体继电器节点信息和压力释放器状态信息。

（2）冷却调控系统智能化。可以依据顶层油温、运行温度和出线侧负荷等相关信息制定控制方案，以实现对冷却器的投退控制，并将冷却器的运行状态通过相关规约上传到控制中心。

（3）分解开关调控。采用主控制器或者是智能组件后台操作指令进行输出。

（4）非电量主变本体保护。

（5）对主变信息进行遥测采集，并且对各项参数进行分析与评估，如主体电压、电流和功率信息等。

（6）主变本体在线信息监测采集。这有助于后台信息库的完善以及功能的实现。

（7）通信信息共享。按照相关规约进行这种管理模式能促进专业内部各司其职，由于设立了统一的集控中心，加站的同时不需要增加运行人员，真正体现技术进步的优势。

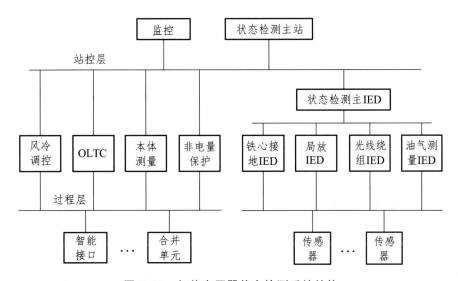

图 5-10　智能变压器状态检测系统结构

5.1.2.2 智能断路器

智能断路器具有较高性能的开关设备和控制设备，配有电子设备、传感器和执行器，不仅具有开关设备的基本功能，还具有附加功能，尤其在监测和诊断方面。

智能断路器可以对 SF_6 气体的密度、含水量、局部放电、内部温度、分合闸线圈电流的形状态、断路器的特征分合闸速度、储能电机电流波形、储能状态、储能时间、频率等进行在线监测。目前最有效的方法是局部放电监测，该方法可以发现 GIS 设备制造和安装维修时引入的导电微粒及其他杂物，电极表面产生的毛刺、刮伤等损伤，导电或接地接触不良，绝缘内部的气隙等缺陷。多点监测可以实现故障定位。

智能断路器可以实现最佳开断、定相位合闸、定相位分闸和顺序控制的智能控制功能，可提供位置信息、状态信息、分和闸命令的数字化接口。

5.1.2.3 智能终端

智能终端是实现对一次设备（如主变压器、隔离开关、断路器等）测量、控制的一种智能组件。与一次设备采用电缆连接，与保护、测控等二次设备采用光接。现以国网南瑞的 NSR-385AG 分相断路器智能终端为例，对智能终端的硬件结构及功能进行介绍。

NSR-385AG 分相断路器智能终端的硬件结构如图 5-11 所示，由 CPU 模块、GOOSE 通信模块、智能开入/开出模块、断路器操作回路模块、直流测量模块和开关量采集模块组成。

CPU 模块负责整个装置的运行管理和逻辑运算；GOOSE 通信模块负责与间隔层二次设备进行 GOOSE 通信；智能开入模块负责采集断路器、隔离开关等一次设备的开关量信息；智能开出模块负责控制断路器跳合闸、遥控分合等出口继电器；断路器操作回路模块提供断路器跳合闸自保持功能，并监视跳合闸回路的完好性；直流测量模块负责环境温湿度的测量。开关量采集模块负责记录断路器、隔离开关的位置、操动机构压力及其他相关开入信息。

智能终端装置的各个智能开入/开出模块上都有一个微控制单元，负责一部分开入/开出量的处理，模块的数目可以根据需要配置。各个智能开入/开出模块与主 CPU 模块之间采用内部通信总线连接，并保持时钟同步。对于开入量，由智能开入模块进行采集、消抖及打时标处理，然后通过内部总线以报文方式传给主 CPU；对于开出量，由主 CPU 模块通过内部总线以报文方式下发给智能开出模块,然后再转换成接点输出。

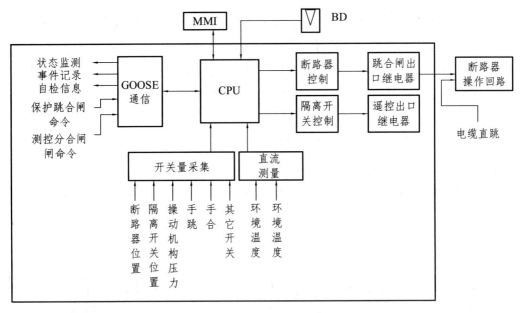

图 5-11 NSR-385AG 分相断路器智能终端硬件机构示意图

5.2 智能化变电站三维实景构建

  变电站作为电力系统的主要组成部分,其日常检测与维护的有效性和电力系统安全运行密切相关。先进的检测技术与高素质运维人员可提高变电站的运行可靠性,而变电站环境的特殊性制约着电气设备距离检测与运维人员上岗培训。随着三维技术的发展,变电站三维实景模型被应用于电气设备距离的非接触式检测与虚拟现实变电站仿真培训系统。变电站三维模型为电气设备提供了一种高效、安全的距离检测方法,且还是虚拟现实变电站仿真培训系统的关键组件之一,因此变电站三维场景建模技术对变电站的电力通信设备管理、整体运行状态监控等安全运行方面具有重要现实意义。

  三维实景技术通过图形技术拼合,实现对监控场景的展示,具有现实感强、交互性佳、制作复杂难度比较低和传播性比较强等优势。三维实景技术在实际应用中,可达到固定视点、大范围视角。对图像采集、图像拼接和投影转换等流程化设计,可实现图像匹配与融合。获取流程如图 5-12 所示。

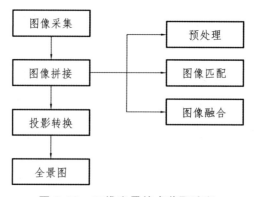

图 5-12 三维实景技术获取流程

目前，变电站三维实景建模的主要方法有 VRML 建模法、几何造型建模法、地面激光雷达建模法，不同建模方法的原理、效率、精度不一致。

5.2.1 基于 VRML 的变电站三维实景建模方法

VRML 是虚拟现实建模语言（Virtual Reality Modeling Language）的简称，不仅是一种建模语言，也是一种描绘 3D 场景中对象行为的场景语言。VRML 通过编程语言以立方体、圆锥体、圆柱体、球体等为原始对象构造变压器、隔离开关、断路器、电压与电流互感器等电气设备模型，并给模型贴上特定材质，然后拼接这些模型以完成整个变电站的三维场景建模。VRML 脚本节点（script）对应的 Java 语言可以利用变电站模型进行人机交互，进而实现变电站虚拟现实系统。

基于 VRML 的变电站三维场景建模方法便于实现人机交互，易于推广，但该建模方法采用立方体、圆锥体、圆柱体、球体的组合构建设备模型，必然造成建立的变电站模型缺乏真实感，模型精确度差，不属于变电站三维实景建模技术，后续的高级应用功能有限。另外，VRML 建模方法需要作业人员熟悉掌握 VRML 编程和电气设备的具体构造，建模效率较低。

5.2.2 基于几何造型的变电站三维实景建模方法

几何造型建模方法依据变电站数码图片、设计图纸和厂家设备图纸，利用 AutoCAD、3dMax、Maya 等专业软件，按照一定比例采用立方体、圆柱体、圆锥体、圆环等建立变电站各种电气设备的三维模型，然后设置模型贴图与材质，拼接电气设备模型完成变电站三维场景建模。该建模方法获取的模型主要有三种：线框模型、表面模型与实体模型。绝缘子串三维模型与其彩色图对比如图 5-13 所示。

（a）绝缘子串图　　　　　　　　　（b）绝缘子串模型

图 5-13　绝缘子串三维模型与其彩色图对比

5.2.2.1　建模顺序选择

三维建模有两种顺序：自顶向下的方式或自底向上的方式。对于变电站等较大场景而言，采用自顶向下的方式，即从整体到局部的方式更为合适。因为在较大的场景中，各个模型之间常常有相互影响和依存的关系。例如：架构尺寸或位置的改动，就要求与之连接的线缆进行相应变化。这种"牵一发而动全身"的相互关系，要求在建模的开始阶段就做好规划，按照图纸和测量数据，做好整体布局，才能避免后续过程中因为局部的修改而导致多处模型的改动，进而影响建模效率与模型的准确性。3dMax规则外形设施的修改器建模、3dMax 主变压器建模如图 5-14、5-15 所示。

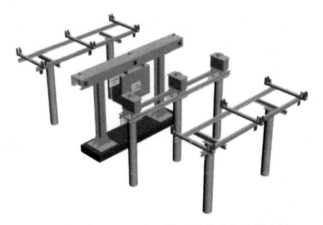

图 5-14　3DMax 规则外形设施的修改器建模

图 5-15　3DMax 主变压器建模

5.2.2.2　模型真实度与复杂度的平衡

三维模型的复杂与精细程度受到系统和网络硬件的限制，特别是在较为复杂、庞大的系统中，如果模型过于精细，贴图过于逼真，则加载运行缓慢、较高的出错概率会极大降低系统的应用性。因此，必须在保证模型能够真实、准确反映实际变电站场景的前提下，尽量降低模型的体积和复杂度。

（1）形状复杂的次要零件要进行简化。对于三维矢量模型来说，最终模型文件大小的主要影响因素是物体形状的复杂程度而不是物体的尺寸。因此，对于一些数量众多、形状复杂，对整体模型影响不大的小零件或细节部位，要进行必要的简化和省略。对材质贴图的处理也要有同样的考虑，用于贴图的图片文件并非越真实越好，在保证模型真实可用程度的前提下，要控制贴图文件的大小。

（2）在可能的情况下，使用贴图效果来替代模型细节。赋予材质可以使模型的颜色、纹理、图案更加接近实际物体，从而增加三维实景的真实度和视觉效果。另外，通过材质可以使物体表面产生凹凸、栅格等效果，从而避免了许多模型细节的制作，能够减小模型的数量和模型文件的大小，对提高系统运行速度起到明显的作用。全站三维场景如图 5-16 所示。

与 VRML 建模方法相比，几何造型建模法无须编辑电气设备模型程序，直接选取特征体建模，效率和直观性有所提高；但变电站局部改建造成电气设备数量变化，以及带电设备长期运行造成电气设备尺寸变化，以至于几何造型建模法凭借变电站数码图片和设计资料难以实现真实场景建模。

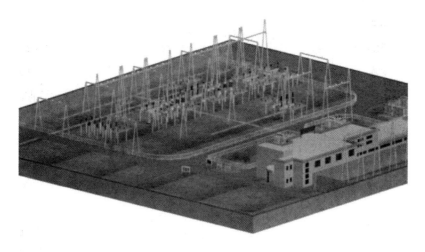

图 5-16 全站三维场景

5.2.3 基于地面激光雷达的变电站建模方法

地面激光雷达采用非接触主动测量方式直接获取高精度三维数据，快速将现实世界的信息转换成可以处理的点云数据，为空间三维信息的获取与空间信息数字化发展提供了全新的技术手段。其工作原理是：首先由激光脉冲二极管发射出激光脉冲信号，经过旋转棱镜射向目标，并同时通过步进电机改变激光束的角度；然后通过探测器，接收返回的激光脉冲信号，并由记录器记录；最后转换成能够直接识别处理的数据信息。其工作原理和测量示意如图 5-17 及 5-18 所示。

利用地面激光雷达扫描变电站，获取密集的三维点云数据。将变电站点云数据与 CCD 相机采集的现场图片进行融合后得到彩色点云数据，包含物体的尺寸、结构、材质等信息，使三维点云数据的场景具有较强真实感，为变电站点云数据的分类提供了有效依据，并可提高变电站三维建模的效率和准确性。理论分析和实验结果表明利用基于地面激光雷达建立的变电站三维模型可实现变电设备的模拟测量和三维实景重构。

由于地面激光雷达建立的变电站三维实景模型用途广泛，所以利用部分三维建模软件进行了相应的变电站三维建模方法研究。目前，基于点云数据建立变电站三维模型的主要软件有 Cyclone、3dMax、Pointcloud、Auto CAD。

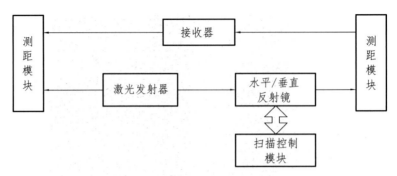

图 5-17   地面激光雷达的工作原理

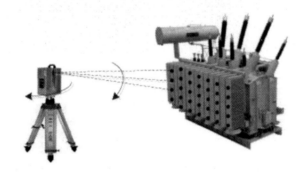

图 5-18   地面激光雷达的测量示意

5.2.3.1   Cyclone 建模法

Cyclone 是 Leica 公司开发的一款基于地面激光雷达点云数据的建模软件。该软件拥有柱体、球体、管状体、长方体等常规三维模型组件，利用这些组件与对应的点云匹配建模。在 Cyclone 建立变电站模型的方法中，高压绝缘套管采用柱体、球体、管状体等几种组合模型与点云数据自动匹配的方式进行建模;绝缘子采用 Cyclone 软件的曲面自动延伸的功能，生成中间有孔洞的薄面，然后组合成高压绝缘子串模型。其他电气设备也按类似方法建立三维模型，最后拼接各个电气设备的模型以实现整个变电站的三维场景建模。图 5-19（b）是基于 Cyclone 建模法建立的绝缘子模型。

Cyclone 建模法采用地面激光雷达实时采集的变电站点云数据进行建模，使变电站三维模型与实际场景不相符的情况得以避免，建模精度高，并拥有较好的直观性。对比图 5-13（a）中绝缘子实物和模型可得，Cyclone 建模法仍存在几何造型建模法不能较好体现某些电气设备的弧度特性的缺点。

（a）绝缘子串图　　　　（b）绝缘子串模型

图 5-19　基于 Cyclone 法的绝缘子串模型

5.2.3.2　Pointcloud 与 AutoCAD 联合建模法

Pointcloud 软件是 Kubit 公司开发的一款与 AutoCAD 联合使用的点云建模软件，支持海量点云数据的导入，可以自动拟合圆、弧、圆柱、平面等几何体，能以切片的形式快速提取点云数据中各类形状的特征量，进而利用 AutoCAD 三维建模工作空间内的扫掠、拉伸、放样、旋转等功能建立各类物体的三维模型。其拥有模型仿真度高、建模手段多样化、效率高的特点，且这些优点在古建筑保护和工厂管道工程的数字化中得以应用和体现。基于 Pointcloud 与 AutoCAD 联合法建立变电站场景模型基本步骤如下：

第一步：拟合规则特征设备，利用 Pointcloud 软件直接截取立方体、圆柱、圆环等规则形状的电气设备点云数据，并利用相应的特征体进行模型拟合。

第二步：创建其他设备点云切片，利用 Pointcloud 以用户坐标系的某个坐标轴方向为基准，剖分其他形状的设备点云数据生成点云薄切片。

第三步：建立三维线框模型，利用多义线拟合电气设备的点云切片，得出二维轮廓图，再将二维轮廓图沿着合适的路径进行扫掠、拉伸、旋转等功能建立电气设备的三维线框模型。

第四步：模型拼接，以变电站的完整点云数据为参照对象，将建立的各种电气设备模型在 AutoCAD 中拼接形成完整的变电站模型，如图 5-20 所示。

图 5-20   绝缘套管实物与绝缘套管模型

AutoCAD 与 Pointcloud 联合建模法基于地面激光雷达采集的点云数据建立各种电气设备的模型，较好地实现了电气设备的弧度特性的展示，克服了几何造型建模法和 Cyclone 建模法难以真实描述电气设备弧度特性的缺点；建立的模型与实景图的场景高度吻合，具有良好的细节部位表现力，在保证模型具有较高精度的同时，还可实现变电站电气设备间空间关系量化分析，支撑后续高级应用功能的开发。

基于地面激光雷达的变电站建模方法在模型精度、现场的还原性、细节表现力以及量化分析方面具有明显的优势，但该变电站建模方法现场作业强度大，点云建模软件主要依靠手动建模，后续数据处理工作量大、建模效率不高；缺乏统一的建模标准和规则，模型质量受作业人员的经验影响较大。电气设备模型库、作业标准等方面还需要进一步的开发研究。

5.3   过程层故障诊断技术

过程层智能化设备合并单元、智能终端等的出现从根本上改变了变电站的二次回路接线形式。然而从现已投运的智能变电站情况来看，绝大多数的故障和缺陷来自于过程层。因此针对智能变电站过程层故障问题，提出快速诊断技术及故障定位方法，对设备状态进行准确评估，并做出合理的检修决策，从而提高排除故障和消缺的效率和质量，缩短排除故障和消缺的时间，对智能变电站的安全运行十分重要。

5.3.1 故障诊断对象

通常情况下，IEC 61850 智能变电站过程层的故障诊断对象分为数据链路与装置两大类。过程层主要包括电流、电压传感器等一次设备以及智能终端、合并单元等智能组件，如果过程层网络在既定时间内没有接收到报文，则能够判定设备出现了数据链路中断故障，具体分为 SV 链路中断故障与 GOOS 链路故障两种。数据链路中断故障分为通道故障与通信故障两种，通信故障主要由通信设备功能障碍导致，主要发生在变电站调试阶段；而经过投产以后的变电站过程层出现数据链路中断的原因则是通道故障。

5.3.1.1 合并单元、智能终端状态监测

合并单元和智能终端输出的状态信息包括：

（1）装置的工作温度。

（2）过程层装置光信号发送强度。

（3）过程层装置光信号接收强度。

（4）过程层装置接口湿度。

5.3.1.2 继电保护信息状态监测

继电保护装置的稳定性和可靠性对于事故的快速有效处理和电网的稳定安全运行具有重要意义，因此有必要对装置进行实时地状态监测，及时发现并处理可能存在的隐患。同时，随着微机保护的大量应用，智能变电站继电保护装置已经有效地解决了装置逻辑回路简化问题，具备了自检功能。

继电保护装置输出的状态信息包括：

（1）装置的内部工作温度。

（2）实际运行无故障时间。

（3）保护装置电源的电平。

（4）保护装置的硬件自检。

（5）保护装置光信号发送强度。

（6）保护装置光信号接收强度。

（7）保护装置的光纤接口温度。

（8）保护装置 SV 统计信息。

（9）保护装置 GOOSE 统计信息。

5.3.1.3 二次回路在线监测

传统变电站的二次回路采用电缆硬接线，智能变电站的二次回路是光纤通路，如图 5-21 所示。光纤链路可通过光网络交换机实现链路之间的数据共享，节省了类似于传统变电站的二次回路"接线"数量，光纤链路的通断可通过光网络交换机、发送设备、接收设备等的上报数据信号进行自识别，相比传统变电站，对二次回路的在线监测变得简单易行。同时，对二次回路的监测实现了实时性，而传统变电站对电缆二次回路的检查通常是定期检查，无法实时监测。智能变电站的二次回路在线监测包括两方面：一是物理链路的通信状态监测，二是逻辑数据链路的状态监测。

1. 物理链路

智能变电站的过程层通信包括点对点和组网两种方式，通信方式的选择取决于对数据传输可靠性和实时性的具体要求，其物理链路拓扑可简化表示为如图 5-22 的形式。

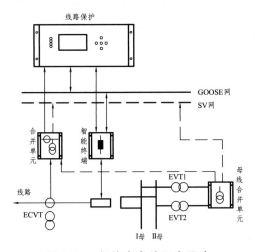

图 5-21　智能变电站二次回路

图 5-22　智能变电站过程层通信方式

其中发送方和接收方可以是过程层的智能组件和间隔层的智能设备，也可以是过程层交换机，通信链路主要指点对点光纤。如果通信链路发生异常，发送方无法做出通信链路是否故障的判断，因为发送方只进行数据发送；而接收方由于在规定时间内没有接收到数据，可做出通信链路异常的判断。因此链路监视模块应依托于接收方的判断实现通信链路的在线监测。所以光纤链路的在线监测与判断一般采用针对发送设备的原则。

但是在实际应用过程中，造成过程层设备光纤通信异常的原因很多，例如装置板件故障、光纤折损等。因此当发生设备异常时，在厂站端监控系统，会发出大量链路异常告警信号。二次回路在线监测模块的主要功能就是基于这些告警信号，实现通信链路故障点的准确定位。

2. 逻辑链路

智能变电站过程层通信网络的在线监测还包括逻辑链路通信的在线监测。逻辑链路通信在线监测的目的是保证 SCD 的数据集配置和过程层通信链路的配置保持一致。

在 IEC 61850 协议中，过程层 SV 和 GOOSE 数据的交互信息，包括通信信息和配置信息，这为逻辑链路通信的在线监测提供了技术基础。当前设备制造厂商，大都对 SV 和 GOOSE 的数据配置进行了在线校验，并且当发生接收和发送配置不匹配时将产生告警信息。因此通过对比分析 SCD 文件中的对应配置信息和报文中的 SCD 配置信息，过程层装置的 SCD 集成配置、接收配置、发送配置的一致性就可得到验证。若发生异常，则在线监测系统将发出告警信息。

5.3.2 故障分类及成因

根据智能变电站内部数据信息流向，能够将过程层故障类型分为智能终端装置异常与闭锁、合并单元装置异常与闭锁和 SV/GOOSE 链路中断三个方面。

智能终端装置异常的成因有：控制回路断线、程序版本校验出错、断路器压力异常、GOOSE 网络风暴、GPS 时钟源异常和 GOOSE 信号长时间无返回、GOOSE 网短链配置错误等。

智能终端装置闭锁的成因有：电源插件损坏、板卡配置错误、CPU 插件损坏、电源空开跳开和程序运营错误等。

合并单元装置异常的成因有：采样值接受超限或异常、合并单元计数器跳变、通信断链、采样异常、刀闸位置异常、接收或发送文本配置错误、合并单元数据丢失、接收数据无效、GPS 同步异常以及 GOOSE 网络风暴和文本配置异常等。

合并单元装置闭锁的成因有：程序运行错误、板卡配置错误、CPU 插件损坏、电源空开跳开以及程序运营错误等。

SV/GOOSE 链路中断的成因有：接口松动、交换机故障、光口本身故障以及光纤断线等。

任何一处出现故障都会直接影响一次设备与二次设备之间正常的数据信息传输，进而导致过程层设备出现误动或者拒动等现象。

5.3.3   过程层故障诊断方法

5.3.3.1   过程层故障诊断流程

如图 5-23 所示，当接收到实时故障警报信号后，需要第一时间判断发生故障的区域，明确故障出现的原因，从而实施有针对性的故障处理措施。首先，故障诊断结果是装置故障，则需要判断装置是否处于闭锁的状态之中，若装置为闭锁状态则进入相应的处理流程，反之则为缺陷流程；其次，故障诊断结果显示为数据链路中断故障，则需要再次判断是否无需进入紧急处理环节，若可以则需要严格按照链路中断的数据流程进行故障处理，反之则为缺陷流程。另外，为进一步提升系统故障诊断的准确性，可以将现场装置告警信息以及信息流图作为辅助判定装置，进而最大程度保证诊断结果的有效性。

5.3.3.2   不同故障类型有不同的处理方法

第一，对于智能终端与合并单元装置故障，运维人员需要通过设备警告灯来判断具体的故障位置，并且对相关元件进行检查，随后按照设备相应程序令设备停止运转，待检修和维护工作完成之后，再将设备重启。同时，运维人员应仔细检查合并单元装置以及智能终端装置，在经过重启后，其告警信息是否已经消失，并借助保护信息流图查看测控装置、保护装置等是否存在链路中断的异常情况。若均未出现异常告警现象，则需要运检人员向调度中心汇报设备故障以及重启结果；若设备重启后告警信息仍存在，则需要运检人员将设备始终维持在停运状态，并将异常告警信息上报至调度中心，严格按照调度中心的指令对实时装置异常隔离处理，从而进入到缺陷处理流程。

第二，数据链路中断故障，需要现场运维人员严格按照 GOOSE 二维表以及相关设备告警信息进行故障区域判定，并且认真检查一应装置内的光纤是否完好，SV/GOOSE 通信以及网格参数是否维持正常的工作状态，并且将全部的检查结果上报到调度中心。如果整体报告显示为交换机设备故障，现场运检人员则需要经过调度中心人员许可后，严格按照智能变电站运行规程将交换机设备重启；若重启后异常告警信号仍未消失，则需要将所有与交换机设备相关的装置停运，并根据调度中心的指令合理调整保护装置的运行方式，进而确保其进入缺陷处理流程。

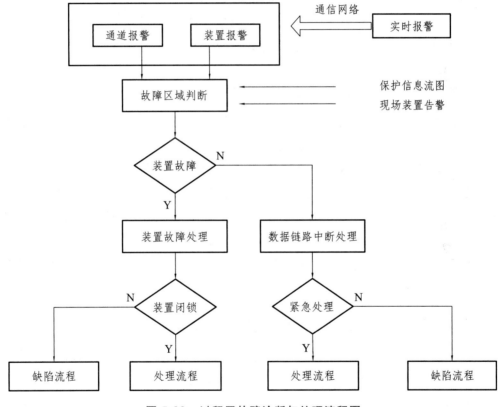

图 5-23　过程层故障诊断与处理流程图

5.3.3.3　离线式故障诊断

离线式故障诊断系统的内容主要包括监测终端及接入设备，两者之间的相互连接和通信都是通过无线网络实现的。在智能变电站内中实现内部网络信号的探索设备为接入设备，从而收集相关信息及报文，并且对其分析，从而不仅便于智能变电站设备的安装及调试，还能够提高网络接入的便捷性。其中的主要性能包括：实现通信信息的探测，并且实现在线解析，从而能够直观地展现变电站网络类型、属性及格式；另外，还包括模型导入性能，能够导入变电站模型文件、相关信息，从而了解及掌握信息；通过分析数值的功能能够有效分析数值，展现相应数据实时数值。显示方式主要是利用频率及波形进行展现的，还能够有效统计网络报文类型及流量，将通信统计功能充分的发挥出来，有效实施故障诊断。

6 智能化柔性电力设备

配电网作为电能从生产到用户的最后环节，在电力系统中扮演着极为重要的角色。近年来，分布式可再生能源渗透率的提高使得配电网的潮流双向流动，部分线路容量过载，节点电压越限，而分布式储能的接入和消费端电动汽车的普及，使得负荷特性多样化，源-荷之间的界限模糊。同时，配电网末端的电能消费者对于供电可靠性和电能质量的要求日渐提升，这对配电网来说是一个巨大的挑战，而发展面向未来综合能源体系的智能配电系统已成为世界各国的共识。与传统配电系统相比，智能配电网有着更为丰富的技术内涵，包括需要具备主动消纳过剩的间歇式能源的能力、调度分布式能源参与系统运行优化的能力、保障关键负荷不间断供电的能力、"源-网-荷"一体协调优化管理的能力等，从而能够最大限度地发挥出分布式可再生能源的供能潜力，有效提升配电系统整体运行的可靠性、经济性和环保性。

围绕智能配电网关键技术需求，包括微电网、主动配电、自愈控制、需求响应等在内的各种新型配电组织形式与技术手段逐渐成为智能配电技术领域的研究热点，日趋完善的配电自动化装备体系则为这些技术手段的发展、成熟与应用提供了良好的支撑。相对于配电二次系统的飞速发展，近年来，电力电子及其相关控制技术、信息技术的发展为解决该问题提供了思路。以智能软开关（Soft Open Point，SOP）、能量路由器、智能功率/信息交换基站（Smart Power/Information Exchange Station，SPIES）为代表的基于电力电子设备的柔性互联电力装置（Flexible Interconnection Device，FID），提高了配电系统的控制灵活性和运行可靠性，同时也为构建柔性智能配电网提供了基础条件与核心设备。

柔性互联装置是一种可在配电网若干关键节点上替代常规联络开关的新型柔性一次设备。与常规联络开关相比，柔性互联技术可以解耦控制有功功率、无功功率，改善功率传输的灵活性，不仅具备断开和连通功能，而且没有常规机械式开关动作次数的限制，运行模式柔性切换，控制方式灵活多样。柔性互联关键装备的应用将使配电网出现多端交直流混合形式、蜂窝状等多种结构形态，提高供电形式的多样性。与此同时，可进一步提升配电系统的潮流调节、电压/无功综合控制、电能质量综合治理以及安全性与韧性提升等技术手段，大大增强柔性互联配电网的主动调节以及接纳多类型分布式电源和负荷的能力。

6.1.1 智能软开关

智能软开关的概念最早由英国学者提出，用于代替传统常开联络开关（Normally Open Point，NOP），并命名为"软常开开关"（Soft Normally Open Point，SNOP）。而随着运行控制技术的逐渐成熟，SNOP 的功率连续调节能力愈发突出，不再具备明显的"常开"特征，因此在后续研究中被更多地称为 SOP。智能软开关的基本结构可以通过由大功率全控型电力电子元件（如绝缘栅双极型晶体管等）组成的背靠背型 AC/DC/AC 变流器来描述，中间直流侧通过电容器并联。AC1 和 AC2 为交流系统 1 和交流系统 2，相电抗器 L_1 和 L_2 与交流侧进行功率传递，同时滤除 VSC 输出谐波；R_1 和 R_2 为相电抗器与线路损耗的等效电阻，电容器 C 为直流侧提供电压支撑并滤除谐波，如图 6-1 所示。

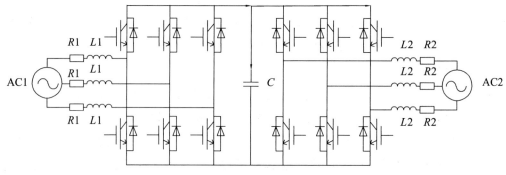

图 6-1　智能软开关基本结构

一般来说，智能软开关两侧变流器在结构上完全对称，通过实施适当的控制策略，可按照调度指令实现功率的双向灵活流动与精确控制。采用智能软开关代替配电网中的联络开关后，能够通过控制两侧馈线的功率交换来影响或改变整个系统的潮流分布，使配电网的运行调度更加"柔性"，如图 6-2 所示。

与基于联络开关的常规网络连接方式相比，智能软开关实现了馈线间常态化柔性互联，避免了开关频繁变位造成的安全隐患，大大提高了配电网控制的灵活性和快速性，使配电网同时具备了开环运行与闭环运行的优势，并集中体现在以下几方面。

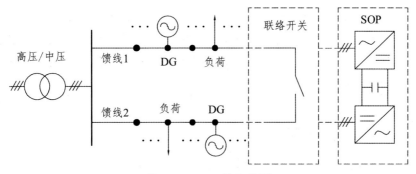

图 6-2 SOP 接入位置

（1）调节能力更强。常规联络开关只能进行 0-1 控制，流过开关的功率不可控；而智能软开关能够实现在自身容量范围内的无级差连续调节，对流过的有功功率和发出的无功功率进行精确控制。

（2）响应速度更快。常规联络开关需要通过机械机构进行操作，指令响应速度较慢；而智能软开关基于全控型电力电子变换器，无机械操作机构，能够实时响应控制指令。

（3）动作成本更低。常规联络开关一般采用断路器等设备，全寿命周期中动作次数有限，分合闸时存在较大冲击电流；而智能软开关以全控型电力电子器件为主构成，不受动作次数限制，运行寿命更长，对系统冲击更小。

（4）故障影响更小。常规联络开关闭合后，两侧交流馈线存在直接电气联系，可能导致故障影响范围扩大，同时给保护整定带来了困难；而智能软开关相连馈线间由直流环节解耦，故障电流受两侧变流器限制，有效缩小了故障影响范围。

除上述优势以外，智能软开关作为三相全控型电力电子装置，通过施加适当的控制策略，还能够提供快速无功补偿、精确电压控制、三相负载平衡、主动谐波治理等功能，使其成为多功能集成的复合型智能装置，对提高配电网一次装备的控制能力与控制水平有着重要意义。智能软开关彻底改变了常规配电网闭环设计、开环运行的供电方式，是构成全面可控的柔性互联配电网的核心装备。

6.1.2 柔性环网控制装置

柔性环网控制装置可看成是一个小型的、直流线路长度为零的直流输电系统，整流装置和逆变装置安装在 1 个箱体中，两端接交流线路，可将多条馈线组成闭环网络运行，其结构示意图如图 6-3 所示。

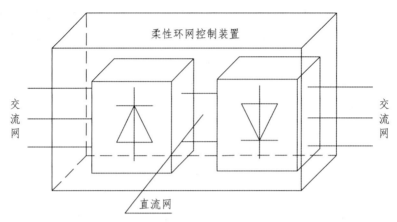

图 6-3　柔性环网控制装置结构

不采用柔性环网控制装置时，系统可看作常规配电线路，通常采用单环网或双环网接线、开环运行的方式；采用柔性环网控制装置时，系统可以在正常工作情况下实现多条不同配电线路之间的闭环运行，在故障情况下实现负荷的快速转移，在实现各条馈线无缝连接的同时实现对负荷的就地无功补偿，并对各端口的有功和无功功率进行精确控制，从而改变电网侧的潮流，实现潮流优化控制，提高设备利用率和供电可靠性。

采用柔性环网控制装置连接的闭环配电网，相比于传统的闭环配电网，不仅可以降低短路电流，还可以减少电压暂降和电压短时中断的发生，提高供电可靠性。应用于不同变电站间线路连接时还能灵活控制两分区间所传输功率的大小和方向，优化电网潮流分布。柔性环网控制装置中的直流部分，可供分布式电源和直流负荷的接入，减少独立的换流装置，节省投资。由于限制了短路电流，采用柔性环网控制装置可以实现多条线路的柔性连接，提高线路利用率，如表 6-1 所示。传统闭环配电网只能够进行两条线路的闭环，最大线路利用率限制为 50%。

表 6-1　线路利用率

N 条线路柔性连接	避免单条馈线用户失电 最大线路利用率	避免两条馈线用户失电 最大线路利用率
2	50%	—
3	66.7%	33.3%
4	75%	50%
N	$(N-1)/N \times 100\%$	$(N-2)/N \times 100\%$

采用柔性环网控制装置进行闭环，同时对电磁环网进行了解环；当高压线路开断后引起功率经低压侧转移时，柔性环网控制装置能够控制功率传输的大小，或将其关断；电磁环网中的无功环流会产生一定的有功损耗，而柔性环网控制装置中存在直流部分，因此不能够传递无功功率，故基于柔性环网控制装置的闭环配电网中不存在无功环流。

6.1.3　电力电子变压器

电力电子变压器（Power Electronic Transformer，PET）也称为固态变压器（Solid-State Transformer，SST）或智能变压器（Smart Transformer，ST），是一种新型电力电子设备，其结合了电力电子元件和高频变压器，能够实现除常规工频交流变压器以外的更多功能。根据有无中间隔离级 DC/DC 变换器，电力电子变压器的结构主要分为 AC/AC 型和 AC/DC/AC 型 2 种类型，其中 AC/DC/AC 型电力电子变压器如图 6-4 所示。

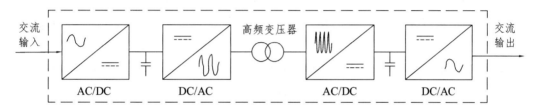

图 6-4　AC/DC/AC 型电力电子变压器

电力电子变压器通过电子电力转换技术实现灵活的电源控制。对于 AC/AC 型电力电子变压器，输入工频交流，在一次侧调制成高频交流，经过高频隔离变压器耦合到二次侧，再解调成工频交流；对于 AC/DC/AC 型电力电子变压器，输入高压工频交流，通过 AC/DC 环节转换为高压直流，再通过 DC/AC 环节转换为高频交流，经过高频隔离变压器从原边耦合到副边，再通过 AC/DC 环节转换为低压直流，最后通过 DC/AC 环节转换为低压交流输出。调制及软联络开关技术，电压、电流、功率等电气量的控制技术以及故障保护技术等是电力电子变压器的关键技术，对电力电子变压器的电气特性、损耗、可靠性等有着十分重要的影响。

相对于传统变压器，电力电子变压器具有以下优点：

（1）体积小、质量小。与传统的电力变压器相比，电力电子变压器传输电能所需铁心材料更少，减少了铁、铜等有色金属的用量。

（2）供电稳定性高。电力电子变压器运行时副边电压幅值不随负载的变化而变化，其输出提供更加稳定的电能。

（3）供电质量有保证。电力电子变压器在变压、隔离、传输电能的同时可以消除网侧电压波动、电压波形失真等影响，可以保证原边电压电流和副边电压为正弦波。

（4）方便交直流电气设备的接入。电力电子变压器变流环节提供方便的交直流接口，既可以满足传统交流元件的并网，又可以适应光伏发电、风力发电和电动汽车等交直流可控元件的接入。

6.1.4 智能功率/信息交换基站

随着分布式发电和分布式储能装置的利用率逐渐提升，配电网用户端从传统的电能消费者转变为具有一定电力生产储存能力的自治群体。通过将具有自治能力的局域配电网/微电网通过智能功率/信息交换基站环环相连，形成类似蜂巢形状的有源配电网将会有十分重要的意义。

作为蜂巢状有源配电网柔性互联方案的核心设备，智能功率/信息交换基站的结构和原理分别如图 6-5 和图 6-6 所示，其中各子网通过各自的公共耦合点（Point of Common Coupling，PCC）接入智能功率/信息交换基站。区别于电力电子变压器，智能功率/信息交换基站在正常工况时不会进行大量的功率路由，而是与所联微电网进行少量功率调度以平衡微电网内能量；智能功率/信息交换基站具有的分布式智能使得相邻基站通过信息交互来实现整个配电网的管理。由于多基站提供了功率备用，该蜂巢状柔性互联方案显著提高了系统的运行可靠性。

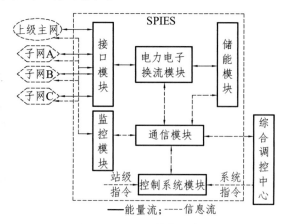

图 6-5 SPIES 结构示意图

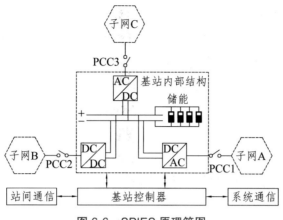

图 6-6 SPIES 原理简图

6.1.5 配电系统柔性交流输电设备

柔性交流输电设备是以电力电子技术为基础并具有其他静止控制器的交流传输器件组成的，能够增强电网的可控能力并增大输电容量。其在配电系统中的应用即是配电系统柔性交流输电（Distribution Flexible AC Transmission System，DFACTS）技术，又称用户电力技术。DFACTS 常用设备种类及功能见表 6-2。

表 6-2 几种 DFACTS 设备种类及功能

设备名称	接入方式	主要功能
统一潮流控制器（Unified Power Flow Controller，UPFC）	串联/并联	并联补偿、串联补偿、移相等功能
配电网静止同步补偿装置（Distribution Static Synchronous Compensation，DSTATCOM）	并联	抑制负荷产生的高次谐波、不对称、无功和闪变等对系统的影响
动态电压调节器（Dynamic Voltage Regulator，DVR）	串联	抑制系统的电压波动、不平衡、高次谐波等对负荷的影响
统一电能质量调节器（Unifier Power Quality Conditioner，UPQC）	串联/并联	同时具备 DSTATCOM 和 DVR 的功能
配电网静止无功补偿装置（Distribution Static Varcompensator，DSVC）	并联	抑制负荷产生的无功对系统的影响
有源滤波器（Active Power Filter，APF）	串联/并联	补偿系统的谐波电压、补偿负荷的谐波电流

与常规联络开关相比，智能软开关调节能力更强，响应速度更快，动作成本更低，故障影响更小，可实现馈线间常态化软连接，大大提高配电网控制的灵活性和快速性，但目前智能软开关的投资成本仍然很高。柔性环网控制装置虽较常规交流配电网相比具有一定的优势，如可不停电转移负荷，可就地对负荷进行无功补偿，可优化潮流控制等；但其效率较低，造价较高，且可靠性有待提高。电力电子变压器功能虽然远多于常规的工频变压器，但当前效率、功率密度、可靠性和经济性指标一般较低，成为影响其推广和应用的主要因素。DSVC 的响应速度快，在配电系统中被广泛用于对冲击性负荷进行快速无功补偿，但其产生感性无功功率主要依靠电容器，故在电压水平过于低下而急需无功补偿时，其输出反而会减少，且其工作时会产生谐波；DSTATCOM 是一个交流同期电压源，响应速度较 DSVC 有明显的改善，但其控制较为复杂，所用全控型开关器件的较高造价在一定程度上限制了其推广应用；与无源滤波器相比，APF 在技术上有着巨大的优势，但其成本较高，目前还不能完全取代无源滤波器。

6.2 智能化柔性电力设备拓扑结构

柔性互联智能配电网是将配电网中各条馈线、各个交/直流配电子网或微电网（群）等通过柔性互联设备连接，使得各配电子网或微电网充分发挥其自身特性，实现分布式新能源、储能设备、电动汽车等的友好接入，并在各配电子网或微电网间进行智能调度，实现潮流控制、有功无功功率优化、能量互济、协同保护等功能。一个典型的柔性互联智能配电网如图 6-7 所示。图中：FID1 连接了同一变电站引出的两条馈线，可调节馈线间的功率分配；FID2 连接了交流配电网和直流配电网；FID3 连接了不同变电站引出的馈线，可避免两站间直接互联导致的电磁环网和合闸冲击；FID4 作为微电网接入配电网的接口，起到了固态变压器的作用。

6.2.1 FID 拓扑分类

在中压配电网层面，有多种变换器拓扑可实现灵活潮流调节，包括配网级 FACTS（Flexible Alternative Current Transmission Systems）、智能软开关、电力电子变压器以及其他新型拓扑。这里根据接入方式、工作原理以及基本结构的差异，将 FID 现行拓扑结构进行分类，如图 6-8 所示。

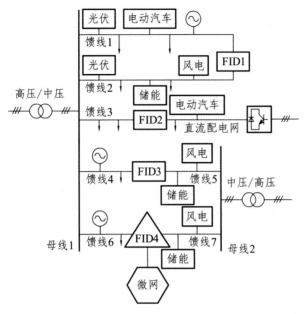

图 6-7 典型柔性互联智能配电网结构

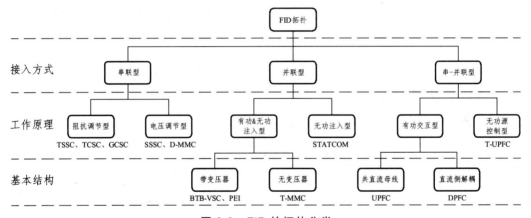

图 6-8 FID 的拓扑分类

（1）接入方式：基于装置接入配电网的方式，将 FID 拓扑分为串联型、并联型以及串-并联型。

（2）工作原理：基于装置的配电网潮流调节原理或功率平衡方式划分拓扑。在串联型 FID 中，基于潮流调节原理，分为阻抗调节型与电压调节型；在并联型 FID 中，基于注入配电网的电流类型，分为有功/无功电流注入型以及无功电流注入型；在串-并联型 FID 中，基于功率平衡方式，分为有功交互型与无功源控制型。

（3）基本结构：针对装置基本拓扑结构的差异进行细化。在有功、无功电流注入型 FID 中，基于有无隔离变压器进行分类；在有功交互型 FID 中，基于公共直流母线的存在与否进行分类。

6.2.2 串联型 FID 拓扑

6.2.2.1 潮流调节原理

在配电网中，通过串联型装置进行潮流调节有两种方案：串联可控阻抗以及串联可控电压源。两条配电馈线间接入串联可控阻抗 X_I 的配电网等效电路如图 6-9 所示，考虑到配电网线路 R/X 值较高的特性，等效短路中的线路电阻不可忽略。两个电压源矢量为 $\vec{V_1}$ 和 $\vec{V_2}$，相角差为 δ，两条线路总电阻为 $R_\Sigma = R_1 + R_2$，总感抗为 $X_\Sigma = X_{L1} + X_{L2}$，此时系统传输的有功功率 P 为

$$P = \frac{V_1 R_\Sigma (V_1 - V_2 \cos\delta)}{R_\Sigma^2 + (X_\Sigma + X_I)^2} + \frac{V_1 V_2 (X_\Sigma + X_I) \sin\delta}{R_\Sigma^2 + (X_\Sigma + X_I)^2} \tag{6-1}$$

由式（6-1）可知，通过容抗/感抗串联补偿，可实现配电网传输的有功功率调节，但由于线路电阻的存在，调节能力受其限制。

$$X_I = R_\Sigma - X_{L\Sigma} \tag{6-2}$$

$$X_I = -R_\Sigma - X_{L\Sigma} \tag{6-3}$$

以图 6-9 中电流所示方向为正，当且仅当式（6-2）成立时，系统正向传输有功功率为最大；当且仅当式（6-3）成立时，系统反向传输有功功率为最大。如图 6-9 所示，串联阻抗方式为配电网提供了无功压降实现潮流调节，从功率传输的角度来看，等效于串联了一个无功电压源。因此可用串联电压源替代阻抗，实现潮流调节，如图 6-10 所示。该可控电压源为无功源，即需要满足输出电压矢量和线路电流矢量垂直的约束：

$$X_I = -R_\Sigma - X_{L\Sigma} \tag{6-4}$$

根据矢量图和叠加原理，系统传输的有功功率为

$$P = P_0 + \frac{V_C R_\Sigma (V_C - V_2 \cos\delta_1)}{R_\Sigma^2 + X_{L\Sigma}^2} + \frac{V_C V_2 X_{L\Sigma} \sin\delta_1}{R_\Sigma^2 + X_{L\Sigma}^2} \tag{6-5}$$

式中，P_0 为不加串联电压补偿的线路有功传输功率；δ_1 为可控电压源和接收端电压源

的相角差。由式（6-5）可知，通过无功电压补偿，可实现配电网之间有功功率调节，但反向潮流调节能力受到线路电阻限制。当且仅当式（6-6）成立时，系统反向传输有功功率为最大：

$$V_C = \frac{V_2(R_{\Sigma}\cos\delta_1 + X_{L\Sigma}\sin\delta_1)}{2R_{\Sigma}} \tag{6-6}$$

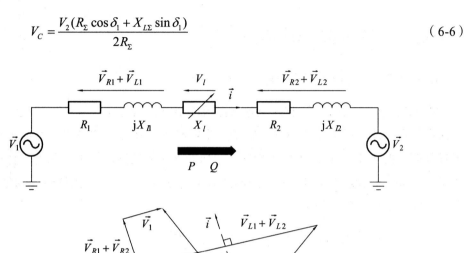

图 6-9　加入串联可控阻抗的配电网等效电路与矢量图

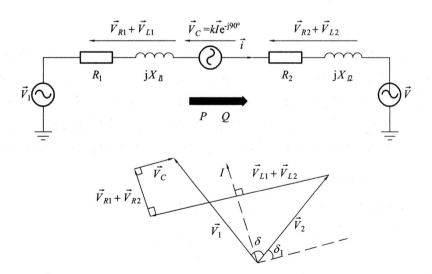

图 6-10　加入串联可控电压的配电网等效电路与矢量图

6.2.2.2 阻抗调节方式中电力电子装置的拓扑

根据式（6-1）可知，串联阻抗型 FACTS 可作为 FID 实现配电馈线的互联和潮流调节。已对三种阻抗型 FACTS 在配电网中的应用可行性做了探索，包括可控硅投切型串联电容器（Thyristor Switched Series Capacitor，TSSC）、可控硅控制型串联电容器（Thyristor Controlled Series Capacitor，TCSC）以及可关断晶闸管控制型串联电容器（GTO Controlled Series Capacitor，GCSC）。

（1）TSSC：由反并联晶闸管和电容器组成，如图 6-11（a）所示。晶闸管导通时电容切出，关断时电容投入，从而改变线路阻抗，调节潮流。

（2）TCSC：由串联电感的反并联晶闸管和电容器组成，主电路如图 6-11（b）所示。TCSC 在低导通角下可实现感性阻抗补偿，而在高导通角下可实现容性阻抗补偿。

（3）GCSC：GCSC 的结构和 TSSC 类似，但用 GTO 替代了普通晶闸管（Silicon Controlled Rectifier，SCR），如图 6-11（c）所示。通过控制 GTO 器件的关断角，可实现 GCSC 的基频容抗调节。

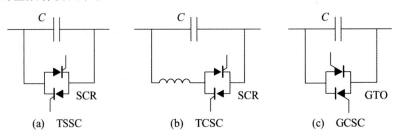

图 6-11 TSSC、TCSC 及 GCSC 拓扑

TSSC 和 GCSC 为容性阻抗调节，难以进行降功率和反向功率调节，无法满足配电馈线互联对双向功率控制的需求；而 TCSC 的容性阻抗与感性阻抗均可调，可实现互联馈线双向功率控制，具有更全面的潮流调节能力，但需谨慎选取其内部电感和电容参数以避免并联谐振。

6.2.2.3 电压调节方式中电力电子装置的拓扑

由图 6-10 和式（6-5）可知，配电网的潮流调节也可通过串联可控电压源实现。若该可控电压源不存在外部激励源提供有功功率，为了维持装置本身有功平衡，需要保证串联输出电压矢量和线路电流矢量垂直。当前，有两种应用于配电网的串联电压调节型装置：

（1）静止同步串联补偿器（Static Synchronous Series Compensator，SSSC）：SSSC 的直流侧电源通过 DC/AC 逆变器和变压器实现串联电压输出，其结构如图 6-12 所示。当 AC/DC 变换器的直流侧为电容时，SSSC 需要维持装置本身的有功功率平衡，工作在无功电压源模式。

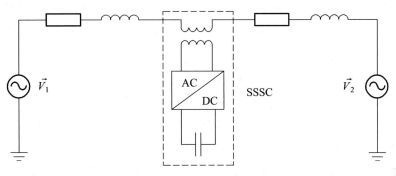

图 6-12　SSSC 的拓扑结构

（2）Direct-MMC（Direct Modular Multilevel Converter）：Direct-MMC 的概念由 Pereda J 等提出，利用 MMC 全桥子模块组成的桥臂串联不同配电网，其拓扑如图 6-13 所示。通过控制桥臂输出电压，DirectMMC 可等效为两个配电网之间的串联电压补偿，而与 SSSC 类似，为了维持功率平衡，装置输出电压矢量需与线路电流矢量垂直。

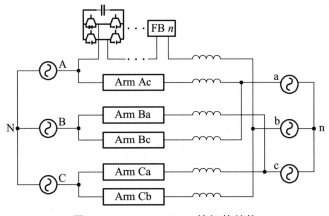

图 6-13　Direct-MMC 的拓扑结构

6.2.2.4　串联型 FID 拓扑总结

串联型 FID 拓扑可根据潮流调节原理划分为阻抗调节型和电压调节型。两者在配电网柔性互联方案中的适用性方面对比如下：

（1）成本：阻抗调节型 FID 采用晶闸管作为开关元件，相比采用全控型器件绝缘栅双极型晶体管（Insulated Gate Bipolar Transistor，IGBT）的电压调节型 FID，成本上具有优势。

（2）器件损耗：电压调节型 FID 的 IGBT 器件拥有更高的开关速度，但同时带来更多开关损耗。

（3）动态响应速度：电压调节型 FID 的控制带宽更高，具备更快的动态响应速度。

（4）潮流调节能力：三种阻抗调节型 FID 均无法实现感性阻抗到容性阻抗的连续调节，而电压调节型 FID 则可输出连续可调的电压矢量，具有更强的潮流调节能力。

（5）系统谐振：电压调节型 FID 理论上仅存在基频阻抗，避免了阻抗调节型 FID 可能出现的系统谐振现象。

二者也有共同存在的问题：阻抗调节型 FID 仅有感抗/容抗一个控制量，而电压调节型变换器尽管可控制串联电压的幅值和相角，但要牺牲一个控制自由度以维持装置本身的有功功率平衡，因此对于串联型 FID 拓扑而言，无法实现配电网传输有功和无功功率的解耦控制。

串联型 FID 可以调节馈线间的潮流分配，缓解分布式能源接入及负荷多样性对电网的影响，并且成本及损耗较低，但是其调节能力有限，有功无功不能解耦控制，限制了其应用范围。

6.2.3 并联型 FID 拓扑

6.2.3.1 潮流调节原理

并联型 FID 调节配电网潮流有两种方式：无功电流注入方式；有功无功电流同时注入方式。

无功电流注入方式的配电馈线互联等效电路如图 6-14 所示，并联型变换器等效为可控电流源。其中，两个电压源分别为 $\vec{V}_1$ 和 $\vec{V}_2$，电压源间功角差为 δ，两条配电线路电流分别为 $\vec{i}_1$ 和 $\vec{i}_2$，可控电流源输出电流为 $\vec{i}_C$，两条配电线路阻抗分别为 Z_1 和 Z_2。根据叠加原理，系统传输的有功功率为：

$$P = \vec{V}_2 \cdot \vec{i}_2 = P_0 + \left(\frac{Z_1}{Z_1 + Z_2} \vec{i}_C \right) \cdot \vec{V}_2 \qquad （6\text{-}7）$$

式中，P_0 为未补偿时配电网传输的有功功率。

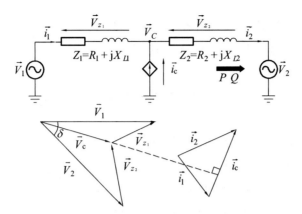

图 6-14 并联无功电流注入的配电网等效电路与矢量图

式（6-7）表明系统传输有功功率大小可通过并联电流控制，然而，为保证装置本身的有功功率平衡，该并联电流受如下约束：

$$\vec{V}_{\mathrm{C}} \cdot \vec{i}_{\mathrm{C}} = 0 \qquad\qquad (6\text{-}8)$$

式（6-8）意味着在无外部激励源的条件下，并联装置无法输出有功电流，且由于控制自由度的限制，无功电流注入方式无法实现配电网有功和无功功率的独立控制。有功、无功电流同时注入方式可通过背靠背变换器实现，配电线路隔离为两个系统，其等效电路如图 6-15 所示。两个端口变换器等效为可控电压源 $\vec{V}_{\mathrm{C1}}$ 和 $\vec{V}_{\mathrm{C2}}$，通过控制配电线路电流 $\vec{i}_1$ 的有功和无功分量，并调制输出对应的变换器端口电压 $\vec{V}_{\mathrm{C1}}$，配电线路传输的有功和无功功率为

$$P_1 = \frac{V_1 V_{\mathrm{C1}}(R_1 \cos \delta_1 + X_{L1} \sin \delta_1) - R_1 V_{\mathrm{C1}}^2}{R_1^2 + X_{L1}^2} \qquad\qquad (6\text{-}9)$$

$$Q_1 = \frac{V_1 V_{\mathrm{C1}}(X_{L1} \cos \delta_1 - R_1 \sin \delta_1) - X_{L1} V_{\mathrm{C1}}^2}{R_1^2 + X_{L1}^2} \qquad\qquad (6\text{-}10)$$

不考虑装置自身有功损耗时，通过控制 $\vec{V}_{\mathrm{C2}}$ 的幅值和相角，补偿电压源 1 所需的有功功率，此时配电线路 2 传输的有功和无功功率为

$$P_2 = P_1 \qquad\qquad (6\text{-}11)$$

$$Q_2 = \frac{V_2 V_{\mathrm{C2}}(X_{L2} \cos \delta_2 - R_2 \sin \delta_2) - X_{L2} V_{\mathrm{C2}}^2}{R_2^2 + X_{L2}^2} \qquad\qquad (6\text{-}12)$$

在式（6-11）的约束下，运用式（6-9）、（6-10）、（6-12）可实现配电线路的有功功率传输与本地无功补偿。

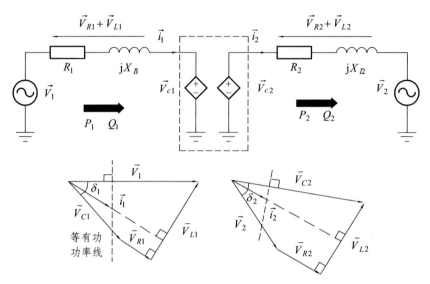

图 6-15   有功和无功电流注入的配电网等效电路与矢量图

6.2.3.2   无功电流注入的电力电子装置拓扑

STATCOM 装置在配电系统中已有应用，主要功能是无功补偿以及电压调节。在配电网中作柔性互联装置时，如图 6-16 所示。装置的调节能力受到两端线路阻抗影响。由式（6-7）、（6-8）可知，当某端线路阻抗较小时，STATCOM 的有功功率调节能力下降（如线路阻抗为 0 的情况下，STATCOM 不再具备有功调节能力）。

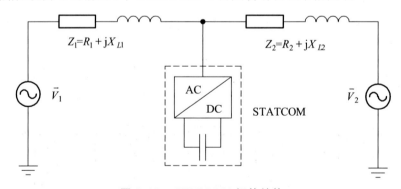

图 6-16   STATCOM 拓扑结构

STATCOM 作柔性互联装置的最大优势在于多端口可扩展的灵活性。当多条相邻配电馈线互联时，仅需配置一个 STATCOM 即可，节省了变换器扩建与改造成本。然而，由于 STATCOM 无法注入有功电流，其潮流调节范围受到限制。

6.2.3.3　有功和无功电流注入的电力电子装置拓扑

由图 6-15 可知，通过多个并联变换器间的协调控制，有功无功电流注入方案可实现解耦功率控制，具有较强的潮流调节能力。依据变压器类型，相应的 FID 拓扑可分为工频变压器、中频变压器以及无变压器 3 类。

（1）工频变压器型：背靠背电压源型变换器（Back-to-Back Voltage Source Converter，BTB-VSC）拓扑结构如图 6-17 所示，背靠背变换器通过两侧的工频变压器接入到配电网中。BTB-VSC 可实现有功和无功功率的解耦控制，快速的动态响应以及两侧线路的故障隔离，从功能性上讲符合柔性互联方案的需求。此外，工频变压器使变换器拓扑不受电压等级限制，可选取两电平 VSC、三电平 VSC 以及多电平换流器（Modular Multilevel Converter，MMC）等多种方案。但工频变压器的占地面积大，成本高，并带来相应的运行损耗。

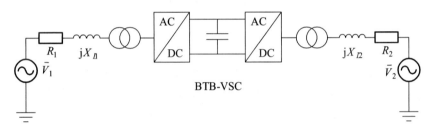

图 6-17　BTB-VSC 的拓扑结构

（2）中频变压器型：利用中频变压器取代工频变压器，可有效降低变压器体积，即电力电子变压器方案，其典型的三级 PET 拓扑如图 6-18 所示。在实现两侧灵活电压、电流和功率调节的同时，相比于传统变压器，PET 还具有体积小、质量小、无污染等优点。然而，PET 的多级变换器及高频开关带来高损耗、运行效率低等问题。

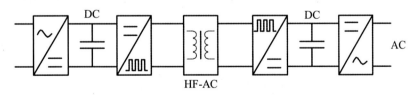

图 6-18　三级型 PET 的拓扑结构

（3）无变压器型：无变压器的 BTB-VSC，即 T-MMC（Transformer-less BTB MMC）实现配电馈线互联环网的方案，互联后所出现的环网零序电流通过接入共模电感与零序电流控制等方法消除。T-MMC 在体积、成本及运行效率上要优于传统的 BTB-VSC 和 PET 拓扑。

6.2.3.4　并联型 FID 拓扑小结

并联型 FID 拓扑之间的对比如下：

（1）潮流调节能力：STATCOM 仅能向配电网注入无功电流，潮流调节能力不足。而 BTB-VSC 可独立控制有功和无功电流注入，潮流调节能力强，且具备双向功率控制。

（2）端口可扩展性：要实现多个配电线路的柔性互联，BTB-VSC 需要扩展其端口变换器数量，而 STATCOM 不需要额外的变换器扩建，其端口可扩展性好。

（3）体积和成本：STATCOM 的体积和成本要低于 BTB-VSC，尤其在多端口柔性互联应用中，STATCOM 的体积和成本优势更为明显。

二者也存在共同问题：同等容量下，并联型 FID 拓扑的功率调节范围要低于串联型 FID 拓扑。因此，在柔性互联应用中，大容量的并联型 FID 所带来的体积和成本问题较为严重。

总的来看，STATCOM 的可扩展性使其在多端柔性互联方案中具有优势，但其本身功率调节能力较低，限制了其应用。而 BTB-VSC 和 PET 虽然可满足柔性互联的诸多需求，但体积、成本、运行损耗等问题降低了方案的经济效益。综合考虑装置的功能性和经济性来看，T-MMC 应为并联型 FID 的最佳拓扑方案。

6.2.4　串-并联型 FID 拓扑

6.2.4.1　潮流调节原理

串联型 FID 中，以 SSSC 为例，在装置本身有功功率平衡的约束条件下，用于控制配电网功率的串联输出电压矢量需和线路电流矢量保持垂直，限制了其潮流调节能力。而通过增设并联变换器，将串联 FID 改造为串并联型 FID 拓扑，可扩展潮流调节范围，并实现功率的解耦控制。

在串并联型 FID 中，并联变换器的引入提供了额外的控制自由度，优化了装置的潮流调节能力。与此同时，并联变换器的引入带来了协调控制问题，即串并联变换器之间如何维持有功功率平衡，实现装置的稳态运行。当前，有两种功率平衡方式：有功交互方式以及无功源控制方式。

有功交互方式的配电馈线互联等效电路如图 6-19 所示。串联变换器控制为电压源，其输出电压矢量不再受线路电流矢量限制，可实现配电网有功和无功功率的独立控制；并联变换器作为串联变换器的外部激励源，为其提供有功功率，而并联变换器所需的有功功率可通过电网获得，由此实现了装置的有功功率平衡。

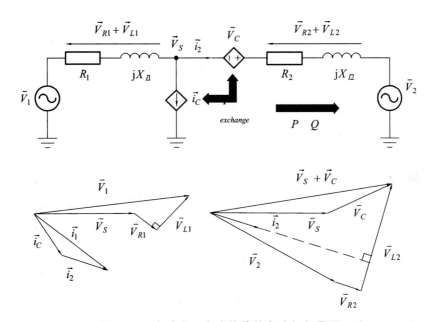

图 6-19 有功交互方式的等效电路与矢量图

无功源控制方式的配电馈线互联等效电路如图 6-20 所示。其中，两个配电网电压源分别为 $\vec{V}_1$ 和 $\vec{V}_2$，相角差为 δ_0，两个配电线路电流分别为 $\vec{i}_1$ 和 $\vec{i}_2$，串联可控电压源为 $\vec{V}_C$，其电压相角为 δ_1，并联可控电流源为 $\vec{i}_C$，线路总阻抗为 $R + jX_L$。

串并联变换器之间不存在有功交互，且各自控制为独立的无功功率源，和 SSSC 类似。然而，相比于 SSSC，并联变换器提供了额外的控制自由度。由图 6-20 可知，串联变换器通过输出串联电压调节配电网有功和无功功率；而并联变换器通过输出并联电流，使两个变换器输出电压矢量和所对应的线路电流矢量垂直，即工作在无功源模式，如式（6-13）所示：

$$
\begin{cases}
\vec{V}_C \cdot \vec{i}_1 = 0 \\
\vec{V}_s \cdot \vec{i}_C = 0
\end{cases}
\tag{6-13}
$$

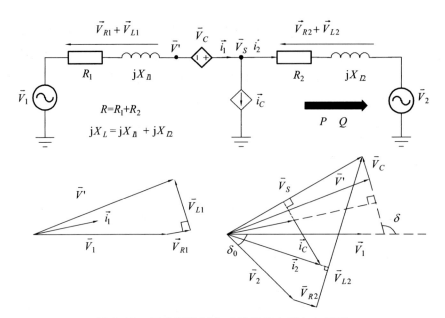

图 6-20   无功源控制方式的等效电路与矢量图

根据叠加原理，配电网所传输的有功和无功功率为

$$P = \frac{V_1 V_2 (R\cos\delta_0 + X_L \sin\delta_0) - RV_2^2}{R^2 + X_L^2} + \frac{V_C V_2 [X_L \cos(\delta_0 + \delta) + R\sin(\delta_0 + \delta)]}{R^2 + X_L^2} \quad (6\text{-}14)$$

$$Q = \frac{V_1 V_2 (X_L\cos\delta_0 - R\sin\delta_0) - X_L V_2^2}{R^2 + X_L^2} + \frac{V_C V_2 [X_L \cos(\delta_0 + \delta) - X_L \sin(\delta_0 + \delta)]}{R^2 + X_L^2} \quad (6\text{-}15)$$

由式（6-14）、（6-15）可得，在无功源控制方案下，配电网传输的有功和无功功率可通过串联输出电压幅值和相角两个变量实现解耦控制。

6.2.4.2   有功交互方式中电力电子装置的拓扑

为了提高串联变换器的配电网潮流调节能力，需要并联变换器提供其所需的有功功率。两个变换器间的有功功率交互可通过建立公共直流母线完成，如 UPFC，或直接通过交流配电网络实现，如分布式潮流控制器（Distributed Power Flow Controller，DPFC）。

（1）UPFC：在配电网中，UPFC 已在控制潮流、提升暂态稳定性、维持电压质量等场景下有应用。当将其用作 FID 互联配电馈线时，其工作原理与控制方案可保持不变。UPFC 拓扑如图 6-21 所示。串联变换器提供可控电压幅值和相角用于调节潮流，并联变换器则通过公共直流母线为串联变换器提供其所需的有功功率，以维持装置的稳态运行。UPFC 中串联变换器的输出电压存在两个控制自由度，可实现线路传输有功和无功功率的解耦控制。然而，UPFC 需要公共直流母线和相应的隔离变压器，以实现两个变换器的有功交互，增加了装置的体积和成本。

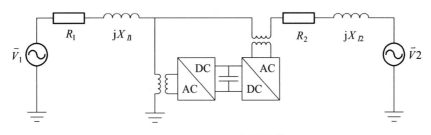

图 6-21 UPFC 拓扑结构

（2）DPFC：考虑到 UPFC 中公共直流母线的成本，一种新型串并联 FID 拓扑被提出：DPFC，串联和并联变换器之间的有功交互不经过直流母线，而是通过交流配电网实现，如图 6-22 所示。与 UPFC 相比，DPFC 有两个主要优点：无公共直流母线；多串联变换器冗余带来的装置可靠性提高。DPFC 的有功交互通过谐波耦合来传递功率，运行原理如图 6-22 所示。并联变换器从电网吸收基频有功功率，再通过输出谐波电流的方式将相同大小的谐波功率输出到电网中；串联变换器通过产生谐波电压以吸收该谐波功率以实现两个变换器的有功功率平衡，并通过输出基频电压实现配电网功率调节。DPFC 的谐波交互方式增加了器件和线路的电流应力，同时需要相应的滤波装置，防止谐波功率馈入负荷，影响用户侧电能质量。

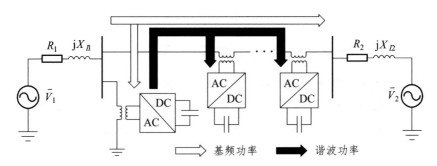

图 6-22 DFPC 拓扑结构

与传统的 UPFC 相比，DPFC 拥有高可靠性低、成本等优势。取消公共直流母线的意义不仅在于节省了直流侧大电容的成本，而且为进一步省去变压器打下了基础。在

UPFC中，串联和并联变压器的主要作用在于将两个不同电压和功率等级的变换器匹配到同一直流母线上。因此，无公共直流母线为省去串并联变压器提供了可能。

6.2.4.3　无功源控制方式中电力电子装置的拓扑

当串并联变换器间不存在有功交互时，各变换器均被控制为无功源，可省去有功交互所需的公共直流母线以及变压器，即为无变压器型UPFC，如图6-23所示。

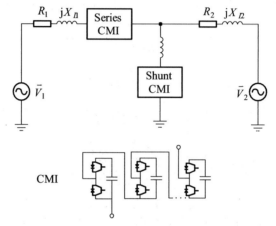

图 6-23　无变压器型 UPFC 拓扑结构

在T-UPFC中，串并联变换器均由级联多电平结构组成（Cascaded Multilevel Inverter，CMI），且控制为无功源运行。串联变换器通过控制输出电压的幅值和相位实现配电网潮流调节，而并联变换器通过控制线路电流实现两个变换器有功功率输出均为0。其运行原理及矢量图均可参考图6-20。

6.2.4.4　串-并联型 FID 拓扑小结

串-并联型FID拓扑之间的对比如下：

（1）体积和成本：相比于UPFC，DPFC省去了直流母线及直流侧大电容，而无变压器型UPFC进一步省去了串并联变压器，体积和成本上最具优势。

（2）潮流调节能力：得益于控制自由度的增加，串-并联型FID拓扑均具备较强的潮流调节能力。

（3）可靠性：DPFC中存在冗余的串联变换器模块，单个串联变换器故障不影响装置的问题运行，可靠性高。

二者的共同问题：和并联型 FID 中的 BTB-VSC 相比，串-并联型 FID 均不具备故障隔离能力。

由于在体积成本方面的优势，T-UPFC 拓扑展现出光明前景，但在配电网柔性互联应用中，该拓扑本身的技术成熟度，以及互联后的故障隔离问题，均需更深入的研究。

6.3　智能化柔性电力设备协调控制策略

6.3.1　配电网柔性互联形态与特点

由柔性互联电力设备组成的柔性互联配电网的网架形态根据运行场景不同，可主要分为以下 3 类：基于背靠背 FID 的柔性互联、含直流母线的点对点柔性互联、基于 FID 的交直流混合柔性互联。

6.3.1.1　基于背靠背 FID 的柔性互联形态

如图 6-24 中 FID1 及其互联系统所示。该形态采用两端或多端背靠背 VSC(back to back/B2B VSC，智能软开关的一种）代替配电传统开关，对馈线末端或变电站间进行柔性互联。这类形态的主要特点是能够灵活调节系统间有功功率交换，实现负荷转移与容量共享，是最易于实现也是现阶段发展最为迅速的柔性互联形式。我国 2019 年年初在北京市延庆八达岭经济开发区投运的"多端柔性闭环中压配电工程"采用了此类柔性互联形态。

6.3.1.2　含直流母线的点对点柔性互联形态

此类形态在背靠背 FID 基础上，将其直流侧拓展为直流母线，如图 6-24 中 FID2 及其互联系统所示。这类互联形态的优点是可以对更广泛区域的功率和电压进行调节，同时还具备直流供电传输容量大、线损低等优点。我国于 2018 年在苏州工业园区投运的四端直流示范工程采用了此类柔性互联形态。

6.3.1.3　基于 FID 的交直流混合柔性互联形态

如图 6-24 中 FID3 及其互联系统所示。此类形态在采用直流母线对交流系统进行互联基础上，还融合了直流型电源及负荷、储能装置、微网等设备或子系统，因此可

视为基于 FID 的交直流混合配电网。在对互联系统间功率进行调节的同时，此类形态
系统的另一个主要目标是实现直流形式源储荷的高效接入，进而实现能源综合利用。
我国于 2018 年通过试运行的杭州江东新城智能柔性直流配电网示范工程和在贵州大学
新校区投运的中压五端柔性直流配电工程，以及同年年底成功投运的国家能源局首批
"互联网+"智慧能源示范项目——珠海唐家湾三端柔性直流配电网，均属于此类柔性
互联形态。

可以预见的是，随着越来越多含直流环节的发用电设备的应用，以及对能源综合
利用的迫切需求，配电网的柔性互联形态将从基于背靠背 FID 的简单结构，逐渐发展
为更加灵活复杂的交直流混合形态。

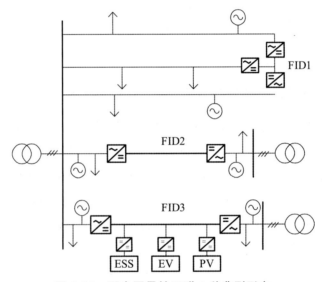

图 6-24   配电网柔性互联 3 种典型形态

6.3.2   配电网柔性互联的控制

对于不同互联形态配电系统，其控制策略的选择与侧重也不同。基于背靠背 FID
的柔性互联配电网，其主要控制目标是通过实时调节互联系统间有功功率交换，以达
到均衡负载、减小损耗等目的。对于含直流母线的点对点柔性互联系统及基于 FID 的
交直流混合互联系统，其传输功率往往由供电和负荷需求决定，此时 FID 主要负责平
衡传输功率和维持电压/频率稳定；若互联系统内含有储能装置且 FID 容量较充裕时，
也可进行一定程度的功率优化调度。

6.3.2.1 直流侧电压控制

柔性互联配电网的直流侧电压稳定控制是实现其功率平衡与优化调度的基础。直流侧电压的控制方式可借鉴柔性直流输电系统，包括主从控制、电压裕度控制和电压下垂控制。主从控制方式通常选择一个主换流站进行定直流电压控制，其余换流站采用定功率控制，若主站出现故障退出运行则整个系统将失稳，因此主从控制可靠性较低。电压裕度控制在主从控制基础上进行改进，使主站具有一定电压控制范围，并通过实时监测端口直流电压进行相应控制模式的调整，但系统可靠性仍较低，且当更换主站时易产生直流电压振荡的问题。下垂控制中，各站根据预置好的控制特性曲线自主进行直流电压控制与功率分配，较前两种控制方式具有更高的可靠性，尤其适用于多端柔性互联系统。然而，下垂控制中直流电压随系统运行状态的变化而变化，不能稳定在固定值。

6.3.2.2 柔性互联系统多运行模式间切换控制及稳定控制

VSC 可同时对两个状态量进行控制，在柔性互联配电网正常运行情况下，每个 FID 换流站还可以对注入交流系统的无功功率或交流电压进行控制。此时 FID 需有一端换流站负责直流母线电压 U_{DC} 的稳定，其他换流站进行功率调度。由于负责 U_{DC} 控制的换流站不能主动调节其端口有功功率，故可看作是功率平衡单元，确保 FID 各端输出的总有功功率守恒。当系统发生故障时，故障端换流站需及时闭锁隔离故障电流，若故障端换流站为功率平衡单元，则需迅速指令其他换流站控制 U_{DC}，否则将导致整个互联系统的崩溃；在配电保护装置进行故障切除导致供电中断期间，故障端换流站需解锁后切换至恒压恒频（$U_{AC}f$）控制模式，为失电区域供电。

6.3.3 多层协同运行控制架构

下垂控制不需要 FID 换流站间的实时通信，各站仅根据本地运行状况对自身端口电压和功率进行调节；采用主从控制或电压裕度控制时，为确保系统在大功率扰动或故障发生后仍具备稳定直流电压的能力，需借助通信系统进行换流站间的协调配合；系统各运行模式对应的控制策略间切换也需借助通信系统进行相关信息的实时交互，进而实现系统局部或整体的功率控制与优化调度。由此可见，柔性互联系统的控制能力取决于通信系统的覆盖程度。按照对通信系统从低到高的依赖程度，控制方式可依次分为：就地控制、集中式控制、分布式控制。就地控制中，各种可调节资源的控制器进行快速且相互独立的实时响应，然而，由于利用的系统状态信息有限，其调节能力严重受限。集中式控制通过通信系统实时获取电网运行信息，计算得出各种可调节资源的最优控制指令，能够有效提高配电网的可观性及可控性，然而，由于需要对大量信息进行收集和处理，集中式控制无法快速响应系统中突发的运行变化；同时，由于高度依赖信息通信网络，当其中某一环节发生故障时将对整体运行的安全性、可靠性造成极大影响。为避免通信系统发生故障时可能造成的换流站故障或退出运行，需要一种在通信中断情况下 FID 的不退网运行控制策略。由于量测和通信系统建设成本过高，现有的配电网大多不具备实现集中式控制的相关基础设施。分布式控制基于可调节资源之间对等数据的实时交换实现，无须将数据全部上传至控制中心。相较于集中式控制，分布式控制的成本与控制复杂度较低。为达到更好的控制效果，需采用不同控制方式相结合的协同策略，为确保柔性互联配电网在量测数据有限或信息传输环节出现故障时，仍维持安全稳定运行，提出如图 6-25 所示的多层协同运行控制架构，该架构具有"就地控制装置/子系统间协调控制能量综合优化"的多层结构。

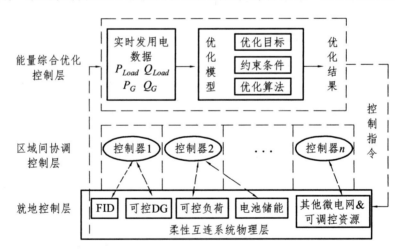

图 6-25　柔性互联配电网多层协同运行控制架构

其中，底层可调节资源控制器根据本地运行信息进行输出电气量的实时调节；当装置或子系统之间具备通信功能时，借助相邻通信获取的邻近节点电气信息，通过本地分布式算法迭代评估系统运行状态，实现区域间的协调控制；在量测及通信设施覆盖广泛情况下，上层的能量综合优化控制器将结合各节点的实时发、用电信息，通过优化模型计算出最佳控制指令，并作为参考值下发到各底层控制器，由此实现了能量的全局优化调度；当传输信号中断或系统发生故障时，各底层控制器不再依赖上层指令，通过平滑的模式切换，进行快速就地控制；此时，若部分装置或子系统间仍具备交互通信功能，还可实现局部的区域间功率互济。由此可见，多层协同运行控制架构整合了集中式控制、分布式控制与就地控制的优点，且通过在不同控制层级之间引入一定程度的独立性，使系统的控制性能在通信能力降低情况下仍满足运行需求。

7 间歇性分布式电源接入技术

7.1 间歇性分布式电源特性

7.1.1 分布式电源的定义与特点

随着常规能源的逐渐衰竭和环境污染的日益加重，世界各国纷纷开始关注环保、高效和灵活的发电方式——分布式电源（Distributed Generation/Generator，DG）。分布式发电技术的发展不仅能缓解能源短缺，降低环境污染，还能提高现有电力系统的效率、可靠性和电能质量，并拥有减轻系统约束和减少输电成本的潜力。与此同时，分布式发电技术的推广也将对配电网中的节点电压、线路潮流、短路电流、可靠性等带来影响，必然给传统的配电网规划带来实质性的挑战。因此，寻求一个合理的分布式电源规划方案，对提高今后电网的可靠性、经济性和电能质量及改善电力网络结构等具有非常重要的作用。

由于各国政策不同，不同国家和组织，甚至是同一国家的不同地区对分布式电源的理解和定义都不尽相同，因此到目前为止，分布式电源并没有一个统一的、严格的定义。关于分布式电源的最大容量、接入方式、电压等级、电源性质等相关界定标准方面，国际上还没有通用权威定义。国际能源署（International Energy Agency，IEA）对分布式电源的定义为服务于当地用户或当地电网的发电站，包括内燃机、小型或微型燃气轮机、燃料电池和光伏发电系统以及能够进行能量控制及需求侧管理的能源综合利用系统。美国电气和电子工程师协会（Institute of Electrical and Electronics Engineers，IEEE）对分布式电源的定义为接入当地配电网的发电设备或储能装置。德国对分布式电源的定义为位于用户附近，接入中低压配电网的电源，主要为光伏发电和风电。总结归纳了18个典型国家（组织）对于分布式电源的界定标准，发现其具有以下的基本特征：

（1）直接向用户供电，电流一般不穿越上一级变压器。这是分布式电源的最本质特征，适应分散式能源资源的就近利用，实现电能就地消纳，各国定义均提及该特征。

（2）装机规模小，一般为 10 MW 及以下。在 18 个典型国家（组织）中，13 个为 10 MW 及以下，3 个为数 10 MW 级，2 个为 100 MW 级。美国、法国、丹麦、比利时等国家均将分布式电源的接入容量限制为 10 MW 左右，瑞典的接入容量限制为 1.5 MW，新西兰为 5 MW。由于英国允许分布式电源的接入电压等级较高，相应的允许接入容量也较大，可达 100 MW，但从实际并网情况来看，接入 66 kV 电压等级的大容量分布式电源所占比例很少。

（3）通常接入中低压配电网。由于各国中低压配电网的定义存在差异，因此，具体的接入电压等级也略有不同，一般为 10（35）kV 及以下。18 个典型国家（组织）中，8 个为 10 kV 及以下，7 个为 35 kV 级，3 个为 110（66）kV 级。德国、法国、澳大利亚等国家均将分布式电源接入电压等级限制在中低压配电网，国外的中低压配电网上限一般不超过 30 kV。英国允许分布式电源接入 66 kV 电压等级，这是由于 66 kV 在英国仍属于中压配电网范畴。

（4）发电类型主要为可再生能源发电、资源综合利用发电、高能效天然气多联供（能效一般达到 70% 以上）。

分布式发电能源类型见表 7-1。

表 7-1　分布式发电能源类型

能源类型	发电技术
太阳能	光伏发电、碟式光热发电
风能	定桨距异步风机、双馈异步风机、永磁直驱风机
资源综合利用	煤层气、转炉煤气、工业余热余压
天然气	天然气发电
生物质能	农林废弃物直燃发电、农林废弃物气化发电、垃圾焚烧发电、沼气发电、垃圾填埋气发电
地热能	地热能发电
海洋能	潮汐发电、波浪发电
燃料电池	燃料电池发电

分布式电源的概念常常与可再生能源发电、热电联产的概念发生混淆，大型可再生能源发电、大型燃气-蒸汽联合循环机组不属于分布式电源。综合国际上典型国家及组织界定标准和我国电网特点，分布式电源一般可定义为：利用分散式资源，装机规

模小（发电功率为数千瓦至 50 MW 小型模块式），位于用户附近，通过 10（35）kV 及以下电压等级接入的可再生能源、资源综合利用和能量梯级利用多联供发电设施，可独立输出电能，这些电源由电力部门、电力用户或第三方所有，用以满足电力系统和用户特定的需求，主要包括风能、太阳能、生物质能、水能、潮汐能、海洋能等可再生能源发电，以及利用余热、余压、可燃性废气发电和小型天然气冷热电多联供等。由于光伏、风力发电均与自然环境气候依赖性较大，所以分布式发电体现的特征是随太阳昼夜变化及风速等气候变化而变化，具有随机性、间歇性和波动性的特点，这是与常规能源发电的最大不同。

7.1.2　分布式电源的优点

分布式发电是集中供电方式不可或缺的重要补充，将成为未来能源领域的一个重要发展方向，在能源需求与环境保护的双重压力下，分布式电源凭借其独特优点所产生的有益影响将起到重要作用。

（1）节能效益好。分布式电源相较于传统大电网供电有两个重要的区别：一是电源端与用户端的距离，传统电网与用电负荷的距离非常远，一般需要远距离的输送，有着一定系统输送线路能耗，而分布式电源靠近用户，通过优化电源布局，合适设计电源容量，可以减少配电网的功率输送和线路损耗；二是传统大电网供电模式下能量形式单一，而分布式电源则能够提供各种形式的能量，是典型的"冷、热、电"三联产，能实现能量的梯级利用。

（2）环境污染少。分布式电源以天然气、轻油等清洁能源和风力、水力、光伏、潮汐、地热等可再生能源为发电原料，能够减少二氧化碳、一氧化碳、硫化物和氮化物等有害气体的排放，利于"双碳"目标的实现。

（3）提高用电可靠性，弥补大电网安全稳定性方面的不足。近几年，世界范围内发生的几次大停电事故，造成了巨大的经济损失，也充分反映了以集中供电模式为主的供电系统不完全可靠。而用户附近的分布式电源与大电网配合进行发电，弥补了大电网安全稳定性方面的不足，在电网崩溃和意外灾害（极端雨雪冰冻天气、地震、人为破坏、暴风等）情况下可维持重要用户的供电。

（4）解决部分偏远地区供电问题，对于部分农牧地区和偏远山区，要形成规模化、集中式供电网需要巨额投资，而分布式电源投资相对于大电厂非常小，规模不大，装置容量小，占地面积小，风险较小，有利于短时间内解决电力短缺的问题。

7.1.3 分布式电源对配电网的影响

在中低压地区电网系统接入分布式电源已成为电力发展的必然趋势，但因其分散、随机变动的特点，大量并网后给系统的安全稳定运行产生较大的影响，主要包含对电网规划、运行、继电保护、事故处理及电力市场的影响。

7.1.3.1 分布式电源对电网规划的影响

随着分布式电源在电力系统中的占比越来越大，传统的配电网络规划面临着新的挑战和要求，加剧了其复杂性和不确定性，使其在选取最优化配电网络规划时必须要考虑由它产生的影响。电网规划主要是根据某一地区今后若干年内电力负荷发展的预测以及现有网络基本情况，对该地区电网系统做出发展规划，要求在满足负荷增长和电力系统安全运行的前提下，确定规划区内变电站布点布局和网络接线方式、投资水平及投资时间安排，使得建设资金和运行费用为最小。

（1）规划区电力负荷的预测难度加大。由于规划区内用户可根据自身实际需要安装和使用分布式电源，为自身及规划区其他用户提供电源，这些分布式电源与电力负荷相抵消，从而对规划区负荷增长的模型产生影响。同时分布式电源安装点存在不确定性，而利用可再生能源发电的分布式电源的输出电能又常受到气候等自然条件的影响，其输出电能有明显的随机特性，当同一地区接入较多分布式电源并网系统时，其不确定性更加显著，因此规划部门很难准确预测电力负荷的增长和空间负荷分布情况。

（2）接入点选取更为复杂。从地理位置角度出发，分布式电源并网有两种接入方式。第一种是在偏远的小负荷地区接入分布式电源并网系统，这是考虑分布式电源并网系统资金投入较少、建设周期短等优势，避免了长距离的集中式供电模式对输电走廊等资源的浪费，也在一定程度上降低了网损。第二种是在尚无扩容规划的负荷集中地区，接入分布式电源并网系统，通过集中式供电和分布式电源并网系统相结合的模式，提高地区供电能力，并且两种电源互为备用，提高供电可靠性。规划区用户 DG安装点存在不确定性，而利用可再生能源发电的 DG，其输出电能有明显的随机特性，不能为规划区提供持续的电力保证，使变电站选址、配电网络的接线和投资建设等规划工作更加复杂和充满不确定性。虽然分布式电源能减少或推迟配电系统的建设投资，但位置和规模不合理的分布式电源可能导致配电网的某些设备利用率低和网损增加，导致网络中某些节点电压的下降或出现过电压，改变故障电流的大小、持续时间及其方向，还可能影响到系统的可靠性。

（3）从数学上讲，配电网规划是一个动态多目标不确定非线性整数规划问题，其动态属性与其维数相关联，通常需同时考虑几千个节点，若规划区内出现许多 DG 将使寻找最优网络布置方案（投资最优、运行维护最省、网损最小）更加困难。由于分布式电源的随机性和多样性，进行规划时要求分布式电源的单机容量和总并网容量不能超过电网的承载能力，且需考虑各种电源的不同特点和实际环境条件的约束，对多种电源进行协调规划。另外，可根据分布式电源容量、特征、用途的相似性，进行分类集中研究，形成分布式电源的规划导则。

7.1.3.2　分布式电源对电网运行的影响

分布式电源中诸如光伏电池、储能设备、微型燃气轮机以及大部分风机等硬件设备无法直接产生工频电压，因此需要通过整流、逆变等电力电子器件来进行控制转换，这类器件对配电网的电能运行会产生巨大影响。主要表现如下：

1. 对电压分布的影响

在传统配电网中，有功和无功负荷随时间的变化会引起系统电压波动，沿线路末端方向，电压波动越来越大，若负荷都集中在配电系统的末端附近，电压的波动将更严重。分布式电源接入配电网后，若分布式电源与当地的负荷协调运行，即分布式电源的输出量随负荷的变化相应地变化（增加或减小），此时分布式电源将抑制系统电压的波动；若分布式电源不能与当地的负荷协调运行，分布式发电功率随机变化、分布式发电机的启停均会影响与当地负荷的协调运行，引起电压波动、电压闪变等电能质量问题。例如我国小水电产业大部分是径流电站，其发电受季节影响较大，易造成系统电压波动而影响电能质量，在平、丰水期其大量发电而造成系统电压过高，枯水期系统电压较低。

因此，在接入分布式电源并网系统后，地区电网从放射状结构变为多电源结构，并网 DG 由于接入位置、容量和控制的不合理，常使配电线路上的负荷潮流大小和方向发生巨大改变，使稳态电压也发生变化，加大配电网电压的调整难度并使其发生波动，使原有的调压方案不一定能满足接入分布式电源后的电压要求。分布式电源并网系统对地区电网电压的影响主要如下：

① 电压分布具体影响的大小，与分布式电源并网系统发电的（总）容量大小、接入位置有极大的关系。

② 当分布式电源并网系统相对网络负荷较大时，系统电压往往需要适当降低，以适应分布式电源并网系统注入有功、无功功率抬高部分节点的电压。

③ 正常情况下，分布式电源并网系统应多发有功、少发无功，保持高功率因数运行。

④ 在分布式电源并网系统接入地点，应安装适当的无功电压支撑设备，如电容器等，在分布式电源并网系统退出运行时投运。

⑤ 当馈线中接有线路调压器时，往往需要适当调整分接头的位置才能到预期的调压目的。

⑥ 同样渗透率的分布式电源并网系统，散布在馈线上对电压的支撑作用比集中在同一个位置要大。

2. 对网损的影响

传统的配电网网损计算总是与负荷有关，含分布式电源的配电网网损计算不仅和负荷有关，同时还与分布式电源的容量和具体位置以及网络的拓扑结构紧密相关。分布式电源接入配电网后，配电系统由原有的单电源辐射式网络将变为用户互联和多电源的弱环网络，配电网的潮流分布将发生根本性的变化，其不再是单方向的从变电站母线流向各个负荷，而是大小和方向都无法预测，这一现象的出现将直接导致配电网的网损发生变化。接入分布式电源并网系统后，地区电网负荷分布的变化将对网损产生影响，主要有以下 3 种情况：

① 配电网中所有负荷节点处的负荷量均大于该节点处 DG 的输出量。

② 配电网中至少有一个负荷节点处的负荷量小于该节点处 DG 的输出量，但系统总负荷量大于所有 DG 的输出总量。

③ 配电网中至少有一个负荷节点处的负荷量小于该节点处 DG 的输出量，且系统的总负荷量小于所有 DG 的输出总量。

对于情况①，DG 的引入使地区电网中所有线路的损耗减小；对于情况②，DG 的引入可能导致地区电网中某些线路的损耗增加，但总体线路损耗将减小；对于情况③，如果所有 DG 的发电总量小于 2 倍负荷总量，则与情况②相同，否则将使地区电网的线路损耗增加。由此可见，分布式电源并网系统可能增大也可能减小系统网损，结果仍然取决于分布式电源的位置、与负荷量的相对大小以及网络的拓扑结构等因素。

在负荷附近接入 DG 将使整个配电网的负荷分布发生变化，用可再生能源发电的 DG 输出电能受气候等因素影响，有明显的随机特性和季节性，不能提供持续的电力能源，同时输出电量会因外界众多因素变化而产生变化。因此，以上 3 种情况可能会交替出现，使配电网的潮流具有随机性，配电线路上的负荷潮流变化也较大。而 DG 由于规划布局不合理，中、低压供电线路长、覆盖面广，线路及产品和设备陈旧、老化，并网电量计量方式不当，装置配置不合理，管理、监督不力，易造成运行损耗较大、经济效益低。

3. 对电能质量的影响

由于分布式电源由用户根据自身需求启停，尤其是随着今后分布式电源数量的增多、总量的增大，其并网、下网可能会造成电网波动；另外，由于采用了电力电子技术，并网时也可能产生谐波，从而影响电网电能质量。

分布式电源并网系统对电能质量的影响主要表现在以下几个方面：

（1）频率波动。当发电量和负荷平衡打乱时，系统频率会发生变化。其中以大型风电场接入时尤为突出，风电场对系统频率的影响程度取决于风电场容量占系统总容量的比例，当风电场容量在系统中所占的比例较大时，其输出功率的随机波动性对电网频率的影响会比较显著，将会影响到电网的电能质量和系统中其他频率敏感负荷的正常工作，这就要求地区电网首先考虑总体接纳风电的能力，使风电开发与电网建设协调发展。

（2）电压闪变。传统电网引起电压闪变的主要原因是负荷的瞬时变化，分布式电源的接入同样如此。原因主要有：分布式电源由电源的产权所有者控制，可能出现随机启停；新型分布式电源出力受到季节和气候影响，热电联产机组的处理通常随供热要求的变动而变动；分布式电源和系统中反馈环节的电压控制设备相互影响。目前采用的解决方法是要求分布式电源的拥有者减少启、停次数，并将分布式电源通过逆变器接入电网以减少分布式电源的大幅度变化。分布式电源并网后，公共连接点处的电压波动和闪变应满足 GB/T 12326—2008《电能质量　电压波动和闪变》的规定。

（3）谐波。分布式电源接入配电系统后产生谐波问题的原因有两个方面：一是分布式电源的能量转换具有间歇性和不稳定性；二是分布式电源中采用了整流-逆变技术和大量的电力电子设备。不同类型分布式发电机、不同的分布式发电联网方式可能会造成不同程度的谐波畸变，如变速恒频风电机组，其变流器始终处于工作状态，产生的谐波电流大小与机组输出功率基本呈线性关系，即与风速大小有关。分布式电源大多通过电力电子器件构成的变流装置接入地区电网，其开关器件频繁的开通和关断易产生开关频率附近的谐波分量，对电网造成谐波污染。研究表明，在分布式电源接入位置不变的情况下，馈线上电压总谐波畸变率（Total Harmonic Distortion，UTHD）由分布式电源总出力决定，总出力占总负荷的比例越高，同一馈线沿线各负荷节点 UTHD越大，某些畸变严重节点的谐波指标就有可能超过规定的谐波电压或电流畸变率限值。出力相同的分布式电源安装在不同的位置，得到的馈线沿线各节点的 UTHD 有着较大的差异，分布式电源安装位置越接近线路末端，馈线沿线各负荷节点的电压畸变越严重；反之，分布式电源越接近系统母线，对系统的谐波分布影响越小。分布式电源所连公共连接点的谐波电流分量（方均根值）应满足 GB/T 14549—1993《电能质量 公用电网谐波》的规定，不应超过规定的允许值。

虽然分布式电源并网系统会给地区电网带来一系列电能质量方面的问题，但某些情况下它对改善电能质量也能起到积极的作用。首先，分布式电源并网系统能够及时快速地提供电能，当电网负载较大时，分布式电源并网系统在相关控制策略下，能够在尽可能短的时间内投入使用，从而提高整个电网系统的稳定性。其次，逆变型分布式电源可通过适当的控制策略来控制并入点电压，等效于并入无功补偿器等静止同步补偿装置，在一定程度上改善地区电网内供电电压质量问题。另外，分布式电源增加了整体短路容量，从而加强了系统电压强度，抑制和削弱区域地区电网内出现的电压波动等问题。

4. 对可靠性的影响

分布式电源对电网可靠性的影响要视具体情况而定。

系统正常工作时，与配电网配合良好的 DG 可缓解配电网的过负荷和网络堵塞，增加其输电裕度，同时可缓解电压骤降，增强对配电网的电压调节能力，减少其损耗。DG 作为后备电源，在系统停电时仍可为用户提供电源以减少其停电时间，有利于提高配电网的可靠性水平。因此，无论分布式电源与集中式电源同时供电，还是作为集中式电源的备用电源（主电源失去时，自动或手动切换），其对供电可靠性都起到积极的作用。但与配电网系统保护设备配合不好时，DG 可能使相连接的系统保护设备误动作，且 DG 安装地点、容量和连接方式不适当也会降低配电网的可靠性。

当分布式电源作为调峰的手段时，投切将非常频繁，此时启动问题对系统供电可靠性的影响尤为重要。绝大多数的分布式电源并网系统机组的启动故障概率都要比正常运行故障概率大得多，即使故障修复，这些机组在下次启动时仍然有较高的故障概率，此时必须详尽了解其启动故障特性，并适当安排其运行策略。这是充分利用 DG，并发挥其最大效用的关键。

此外，并网 DG 会增大配电网的短路电流水平。这取决于很多因素，如 DG 的技术类型、运行模式、容量、渗透率、与系统的接口方式及采用的技术等。许多情况下 DG 接入配电网侧装有逆功率继电器，正常运行时不会向电网注入功率，但配电网故障时，短路瞬间会有 DG 电流注入电网，导致断路器的开断能力不足而不能有效切除故障，使故障扩大危及整个系统的安全运行；其次提高了线路的热动稳定要求，迫使电力系统选用重型电器，使其经济性明显下降；再就是接地故障时，由于注入大地的电流过大而产生强大的地电位反击，严重威胁到接地点附近的变电站以及人身安全，同时若线路附近存在传统金属性通信线路，也可能引起感应过电压而造成通信设备故障，故大功率 DG 接入电网时须事先进行电网分析和计算，以确定其对配电网短路容量的影响程度。

同时，并网运行时，分布式发电设备本身的可靠性将是影响系统供电可靠性的重要因素。而分布式发电设备由于其自身不稳定、可靠性不高以及运行经验等因素，与传统的配电系统可靠性还有较大的差距，故一般不采取单独的分布式电源供电。分布式发电引入配电系统后，可能会产生一种新的运行方式——孤岛运行。"孤岛"是指包含分布式电源的配电网与主配电网分离后，仍然继续向所在的独立配电网输电。无意中形成的孤岛，可能会对系统、维修人员等造成危害，而且负荷可能出现的供需不平衡将严重损害电能质量，从而降低配电网的供电可靠性。若事先有应对策略来应付孤岛的出现，利用孤岛最快最大限度地向孤岛内的负荷供电，则可以提高配电网的供电可靠性，2003 年北美大停电事故中的孤岛运行则是分布式发电提高配电网供电可靠性能的典范。

目前，有研究采用基于区间计算的配电网可靠性评估，分析了参数不确定对配电系统可靠性的影响，通过网络简化，等值计算分布式电源接入配电系统可靠性评估的各项区间指标，验证了作为备用电源的分布式电源可以改善配电网可靠性。有研究根据配电网中负荷的重要程度，以等值有效最大负荷为目标函数，建立配电网孤岛划分的模型，采用改进的适用于含分布式电源的配电网供电可靠性计算的最小路法计算模型，并通过仿真表明，分布式电源合理接入配电网后，可以提高配电网的供电可靠性。

7.1.3.3 对继电保护的影响

中低压地区电网的传统供电模式通常采用单电源、辐射状的供电网络，其潮流从电源到用户单向流动，一般配置三段式过电流保护及反时限过电流保护。统计表明，中低压电网中 80%以上的故障是瞬时的，所以系统保护设计通常在变电站处安装反向过电流断电器，主馈线上装设自动重合闸装置，支路上装设熔断器。自动重合闸装置与各侧支路上的熔断器相互协调，每个熔断器又分别与其直接相连的上一级或下一级支路上的熔断器相互协调，以实现配电网线路的保护，这种保护不具有方向性。DG 并入电网时，配电网发生了根本性变化，辐射式配电网将变为一遍布电源和用户互联的网络，潮流不再单向地从变电站母线流向用户负荷，从而改变了故障电流的大小、持续时间及其方向，使配电网各种保护定值与机理发生了深刻变化，分布式电源本身的故障行为也会对系统的运行和保护产生影响。因此，分布式电源将对地区电网原有的继电保护产生较大的影响。

分布式电源接入配电网后，对配电网继电保护的影响主要表现在以下几个方面：

（1）分布式电源并网系统接入位置及容量对继电保护的影响。

分布式电源对继电保护的影响与其容量大小及接入配电系统的位置有关，并入系统的分布式电源容量不宜过大。在容量一定的情况下，接入线路末端对保护动作行为的影响相对较小。在容量较大时，可以事先校验各极端情况下的保护定值及灵敏度，必要时还应考虑加设方向元件。

配电网系统故障时，并网 DG 切除会引起几个问题：首先，过电流故障的切除与DG 的切断在时限上存在配合问题；其次，并网 DG 必须在自动重合闸开断时间间隔内快速切除，否则会引起电弧重燃，使重合闸不成功；第三，DG 功率注入电网时会使原来的继电器保护区缩小，从而影响继电保护装置正常工作。如果原配电网继电器不具备方向敏感性能，则其他并联分支故障时会引起安装 DG 的继电器误动造成该无故障分支失去主电源；第四，DG 并网使分布式同步电机和感应电机的临界切除时间减小。由于熔断器和传统的自动重合闸并不具备方向性，大量改动原配电网的系统保护装置是不切实际和不经济的，故并网 DG 必须与配电网配合并适应它。

（2）分布式电源并网系统对继电保护性能的影响。

① 灵敏性。继电保护的灵敏度与电网的运行方式直接相关，分布式电源改变了电

网的运行方式，其对于保护灵敏度的影响程度与分布式电源装置安装位置、故障发生位置、保护安装位置相关，其后果有可能降低或提高保护灵敏度。分布式发电产生的故障电流可能会减小流过馈线继电器的电流，使速断保护无法启动，从而导致故障不能及时切除，引起原有的继电保护装置灵敏度降低或拒动。

②速动性。分布式电源对继电保护速动性的影响包含两个方面：一方面，对于反时限过电流保护，故障电流的减小将会导致继电器动作速度的降低；另一方面，由于对灵敏度的影响，原本应由保护一段切除的故障可能不得不由保护二段切除，从而影响继电保护整体的速动性。造成上述影响的根源是改变了故障电流的大小和方向，大容量的分布式电源接入将导致故障电流产生大幅度的变化，而分布式电源数量和种类的不同将会提高或降低配电网的故障水平。

③选择性。选择性与继电保护整定密切相关，由于目前的整定在考虑选择性时不但要求定值上配合，还要在时间上配合，因此保护的选择性一般可以达到要求。而分布式电源的引入有可能使保护失去选择性，如相邻馈线的故障可能会导致分布式电源所在的线路保护误动作，从而导致配电系统的继电保护误动作。此外，还会增加整定配合的难度：由于必须满足选择性和灵敏度的要求，可能会导致保护速动性的进一步降低。

④可靠性。当线路发生故障，系统保护快速动作切除故障点后，分布式电源装置仍可能向故障点提供电流，这将使瞬时性故障转变为永久性故障，从而导致重合闸不成功。若故障跳闸后，分布式电源没有停止运行或从电网中切除，造成的非同期重合闸将会导致继电保护装置误动作，扩大事故停电范围。

7.1.3.4 对事故处理的影响

（1）分布式电源并网系统对事故处理的积极因素。

分布式电源可以部分抵消电网负荷，减少进线的实际输送功率和增加地区电网的输电裕度，同时分布式电源的电压支撑作用可以提高系统对电压的调节性能。另外，如果地区电网发生故障以后，在保证电力系统安全的前提下，尽可能利用分布式电源为用户供电，将地区电网转化为若干孤岛自治运行，将可以减小停电面积，这些都有利于提高系统的可靠性水平。

（2）分布式电源并网系统对事故处理的消极因素。

①延迟用户恢复供电时间。当分布式电源内部故障，可以采用继电保护方案解列

分布式电源，从而防止事故波及电力系统；同样，在电力系统事故时，也可以通过解列分布式电源，防止事故扩大。但是，由于建设成本关系，一般具有分布式电源的用户是通过同一线路与系统进行受电或者送电连接的，在外部系统发生故障或者用户内部故障时，极有可能完全断开与系统的连接线路，在内部或外部故障完全消除后，发电机组才能重新连接到电网，因此电力用户的恢复供电将被异常延迟。

② 加大系统短路电流。当系统中某一点发生故障时，系统中所有发电机都会向其提供短路电流。分布式电源发电机组的接入会增加注入故障点的短路电流，有可能使流过断路器的短路电流超标。因此方案设计时，必须同时计算分布式电源送入系统的短路电流，校核接入点短路电流限值，这对现有电网设施（如断路器）也提出了更高要求。

③ 电网调度和实时监控难度大。一些地区的 DG 因点多、面广使部分 DG 通信联系薄弱，不易采集 DG 发电过程中产生的实时电流、电压、有功、无功功率等信息，不利于调度员的正确决策，调度命令难以及时到达，监控难度较大，易造成 DG 无序发电，难以发挥相应资源优势和带动地方经济增长，甚至会增加电网压力和发电行业整体成本。

7.1.3.5 对电力市场的影响

分布式电源并网给电力市场带来多元化的影响，同时对电力市场走向和最后格局产生深远影响。

（1）电力公司和用户间将形成新型关系，用户不仅可从电力公司买电，也可用自己的 DG 向其卖电或为其提供有偿削峰、紧急功率支持等服务。

（2）分布式发电也为其他行业（如天然气公司）进入电力市场打开了方便之门，故未来电力市场的竞争将更加激烈。

（3）在偏远地区采用分布式电源并网系统，对电力公司而言，虽然损失了部分售电量，但可以大大减少设备投资。

（4）分布式电源的接入，可能导致电能质量的下降，这时必须投资相关设备对电能质量进行补偿，这部分投资的分摊需经电力公司同分布式电源所有者进行协商。

（5）由于各分布式电源的类型不同，其供电成本也不尽相同，因此必须对不同类型的分布式电源并网系统制定不同的上网电价。

（6）当地区电网内有多个分布式电源时，可根据用电需求制定不同的调度策略，明确分布式电源与集中式供电间的权重，以及各分布式电源之间权重，最后得到最优化供电的解决方案。

7.2 间歇性分布式电源柔性并网技术

分布式电源具有随机性、间歇性和波动性的特点，属于电力电子电源接入配电网，会对配电网的安全稳定运行造成一定的影响。为解决这些问题，需要解决分布式电源的配电网规划、安全并网运行和控制等关键技术。

7.2.1 含分布式电源的配电网规划

传统的配电网规划通常有两个任务：一是确定变电站的新建（扩建）时间、位置和容量，二是确定线路的新建（扩建）时间、位置和型号。随着 DG 和电动汽车等新型负荷的接入，配电网规划的内容变得越来越丰富，含 DG 的配电网规划的任务包括以下内容：① 变电站的选址定容规划；② DG 的选址定容规划；③ 配电网网络规划；④ 储能、电动汽车等新型负荷的规划；⑤ 源-网-荷协调规划。

从目前的研究来看，含 DG 的配电网规划按照规划过程中是否考虑不确定性因素可以划分为确定性规划方法和不确定性规划方法两大类。

确定性规划方法是通过确定一个目标函数进行建模并为达到该目标进行求解的规划，如：以网损最小为目标函数建立 DG 在配电网中的选址定容规划模型；以规划期内的综合费用最小为目标函数、以年综合费最小为目标函数建立了含 DG 的配电网规划模型；以 DG 接入后带来的益处（包括电压质量提升、旋转备用增加、线路负荷率降低和网损减小）最大为目标函数，以线路投资成本、DG 投资成本、网损成本以及 DG 调峰所增加的附加费用之和最小为目标对配电网进行规划，等等。通过确定性方法可以对分布式电源并网的相关参数有着相对直观的了解。

不确定性规划方法则是对于风电、光伏等间歇性 DG 渗透容量的增加出现了一系列考虑不确定性的规划方法。如考虑分布式风电和负荷的不确定性，以独立发电商投资收益最大为目标建立规划模型和采用模糊数表征不确定性，基于模糊数学理论建立了多目标 DG 模糊规划模型等。

含 DG 的配电网确定性规划方法和不确定性规划方法最大的不同是不确定性因素

的处理，包括建模过程中的处理以及模型求解过程中的处理。根据现有的研究，可以将含 DG 的配电网规划方法的流程总结如下：

（1）输入规划的基础数据，包括规划水平年、配电网参数、负荷数据、贴现率、DG 待选类型、容量和位置等。

（2）对 DG 和负荷等进行基础建模，如果需要考虑不确定性因素（例如风电、光伏、负荷、电价、燃料成本等），则需要根据不确定性因素的特点建立对应的不确定性模型（概率模型、模糊模型等）。

（3）在基础建模的基础上，建立含 DG 的配电网规划模型，如果需要考虑不确定性因素，则根据不确定性因素的特点建立对应的不确定性规划模型（多场景规划模型、机会约束规划模型、模糊规划模型等）。

（4）针对所建立的规划模型的特点，提出相应的高效求解算法。

（5）对规划模型进行求解，并输出最终的规划结果供决策人员参考。

7.2.2 分布式电源并网运行与控制技术

7.2.2.1 分布式电源电能质量控制技术

分布式电源接入配电网后，公共连接点的电能质量应满足 Q/GDW 480—2010《分布式电源接入电网技术规定》的要求，涉及的电能质量问题包括电压偏差、电压波动和闪变、三相电压不平衡、谐波、直流偏磁等。

1. 功率控制和电压调节

1）具体规范和要求

（1）以三相接入配电网的分布式电源应具备有功功率和无功功率调节能力，保证输出功率因数满足 Q/GDW 480—2010《分布式电源接入电网技术规定》的要求，当分布式电源无功功率调节能力有限时，应安装就地无功补偿设备/装置。

（2）以三相接入配电网且向公用电网输送电量的分布式电源，其有功功率和无功功率执行电网调度机构指令；不向公用电网输送电量的分布式电源，由运行管理方自行控制其有功功率和无功功率。在紧急情况下，电网调度机构可直接限制分布式电源的功率输出。

（3）接入 10 kV 配电网且向公用电网输送电量的分布式电源，应具有控制输出功率变化率的能力，其最大输出功率和最大功率变化率应符合电网调度机构批准的运行方案；同时应具备执行电网调度机构调度指令的能力，能够通过执行电网调度指令进行功率调节。

（4）接入 380 V 配电网且向公用电网输送电量的分布式电源，其功率控制与电压调节应由分布式电源运行管理方在接到电网调度指令后进行就地调节。接入 220 V 配电网的分布式电源可不参与电网功率调节。

2）稳态电压问题

对于电压偏差等电压偏离理想状态的稳态或准稳态电能质量问题，可以采用常规的电压控制手段或者安装无功补偿设备来解决。

常规的系统调压手段包括：

（1）通过调节励磁电流等手段，改变发电机组的功率因数，控制发电机组输出的无功功率来控制电压。

（2）改变变压器的分接头位置，从而改变变压器的变比来调压。双绕组电力降压变压器的高绕组上除主分接头外，还有几个附加分接头，供选择不同电压等级时使用。容量在 6300 kV·A 及以下的无载调压电力变压器一般有两个附加分接头，主分接头对应变压器的额定电压为 U_N，2 个附加分接头分别对应 $1.05U_N$ 和 $0.95U_N$。容量在 8 000 kV·A 及以上时，一般有 4 个附加分接头，分别对应 $1.05U_N$、$1.025U_N$、$0.975U_N$、$0.95U_N$。

（3）改变线路参数来调整电压，例如采用铜芯电缆、分裂导线、串联电容器、增大线路导体截面积等方式减小线路阻抗，从而减小线路压降。如架空线路电抗值为 0.4 Ω/km，电缆线路电抗约为 0.08 Ω/km，对电压变化的影响差别很大，在条件允许的情况下，尽可能优先采用电缆线路，尽量采用截面积大的电缆。

（4）可用于稳态电压调节的无功功率补偿设备包括同步调相机、并联电容器、并联电抗器和静止无功补偿装置等。

（5）只需根据分布式电源和负荷的变化情况，适当调整无功补偿功率，从而使电压满足要求。例如在电压变化时，可以调整并联补偿电容器组的接入容量。电网电压过高时，适当减少电容器组的接入容量，能同时起到合理补偿无功功率和调整电压水平的作用。如果采用的是低压电容器，调压效果将更为显著，就补偿效果而言，应尽量采用按电压或功率因数调整的自动装置。

（6）对于有特殊要求的设备，还可以就地安装电源稳压器等。主要用于负荷小的低压配电系统和电子电路中，能在配电网络供电电压波动负载变化时，自动保持输出电压的稳压。

3）动态电压问题

对于电压波动和闪变、电压暂降等动态或暂态电能质量问题，应该采用输出能力具有快速响应特性的无功补偿设备，包括静止无功补偿器、静止同步补偿器、动态电压恢复器、配电系统电能质量统一控制器等。

（1）静止无功补偿器

安装静止无功补偿器是最常用的方法之一，目前这方面技术已相当成熟。静止无功补偿器有晶闸管可控电抗器、晶闸管投切电容器、饱和电抗器等多种类型。需要注意的是，某些类型的静止无功补偿器本身还产生低次谐波，必须与无源滤波器并联使用。

（2）静止同步补偿器

静止同步补偿器的核心是一个并联在系统中的逆变器，将直流电容上的直流电压逆变为所需的交流电压，通过控制电压的大小和相位，就能得到所需的无功补偿功率。与静止无功补偿器相比，静止同步补偿器具有响应速度快、谐波电流少等优点，只是成本稍高。

（3）动态电压恢复器

动态电压恢复器本身的电路结构与静止同步补偿器类似，差别在于它是将逆变器输出的电压串联接入电网与待补偿的设备之间。逆变器可采用 3 个单相结构，这样能够更灵活地对三相电压和电流进行分别控制，以应对三相电压不平衡以及单相电压暂降等问题。当电源侧电压发生突变时，动态电压恢复器通过对直流侧电源的逆变产生交流电压，再通过变压器与原电网电压相串联，来补偿系统电压的暂降或抵消系统电压的浪涌。

（4）统一电能质量控制器

统一电能质量控制器结合了串、并联补偿装置的特点，具有对电压、电流质量问题统一补偿的功能，属于综合的补偿装置。

4）三相电压不平衡

为了维持三相系统的电压平衡，应尽可能地将所有的单相负荷和单相分布式电源均衡地安排在不同的相上。此外，选用联结组别为 Dyn11 的变压器，可以减小零序阻抗，有助于降低三相负荷不平衡的影响。对于确定会有三相电压不平衡问题的场合，也可以采用分相控制的无功补偿装置，例如静止同步补偿器、动态电压恢复器等，进行不平衡状态的补偿。

2. 电网谐波的抑制

抑制谐波电流主要有两个方面的措施：一是抑制谐波源的谐波电流发生量；二是在谐波源附近将谐波电流就地吸收或抵消。

1）限制分布式电源的谐波电流发生量

考虑到分布式电源的并网需求，可以对分布式发电机组本身及并网进口进行设计改造，使其不产生谐波或产生的谐波在相关标准可接受的范围内。这是解决分布式电源谐波问题的最重要方法之一。

例如，对于通过电力电子变流器并网的分布式电源，脉宽调制可以采用更高的开关频率，以减少（低次）谐波的发生量。

2）用滤波器就地吸收谐波源发出的谐波电流

采用电力滤波器就地吸收谐波源所产生的谐波电流，是抑制谐波污染的有效措施。根据滤波原理，电力滤波器可分为无源滤波器、有源滤波器以及两者的组合——混合滤波器。

（1）无源滤波装置。

无源滤波装置一般是由电力电容器、电抗器（常为空心）和电阻器等无源元件通过适当组合而成，即所谓 LC 滤波器。运行中和谐波源并联，除起到滤波作用外，还可以兼顾无功补偿的需要。无源滤波装置一般由一组或数组单调谐波滤波器组成，有时再加一组高通滤波器。图 7-1 为各种无源滤波器原理图。

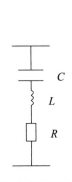
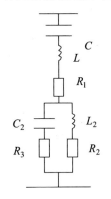
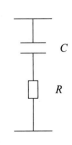

（a）单调谐滤波器   （b）双调谐滤波器   （c）一阶减幅型高通滤波器

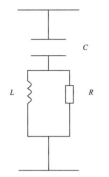 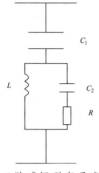 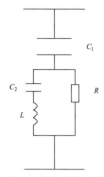

（d）二阶减幅型高通滤波器　　（e）三阶减幅型高通滤波器　　（f）C型高通滤波器

图 7-1　无源滤波器原理图

这种无源滤波器技术简单、运行可靠、维护方便、成本较低，因此在电力系统中得到了广泛应用，迄今为止仍是使用最普遍的抑制谐波方式。其缺点主要是补偿特性受电网阻抗和运行状态的影响，易和系统发生并联谐振，导致 LC 滤波器过载甚至烧毁。此外还有滤波器有效材料消耗多、体积过大，滤波效果也不够理想等缺点。

（2）有源滤波装置。

有源滤波装置是谐波抑制研究的一个重要趋势。有源电力滤波器是一种动态无功补偿和抑制谐波的新型电力电子补偿器，由静态功率变流器构成，具有电力电子变流器的高可控性和快速响应性。更重要的是，它能主动向交流电网注入补偿电流，从而抵消谐波源所产生的谐波电流。有源电力滤波器对频率和幅值都可以进行跟踪，可以实时对谐波进行补偿，并且补偿特性不受电网阻抗的影响，因而受到越来越多的应用和更广泛的重视。有源滤波器系统构成原理如图 7-2 所示。

一旦谐波源产生了谐波，除了采用滤波器进行吸收外，发电机组和升压变压器的接地安排也可以在限制谐波电流方面起到很大的作用。接地点的选择可以阻塞或减少注入电力系统的三次谐波。通常频次为 3 的整数倍的谐波可以被限制在电源处，而不至于传播到电网中。

3. 直流偏磁的抑制

目前，抑制直流偏磁的措施主要有限流和隔直两类。

1）在中性点注入反向直流电流

向变电站接地网注入一定的反向直流电流，以减小或抵消通过地网流过中性点接地变压器的直流电流，在一定程度上抑制变压器的直流偏磁。中性点注入反向直流电流的装置原理见图 7-3。其中，限流电抗器用于限制进入直流发生装置的交流电流。

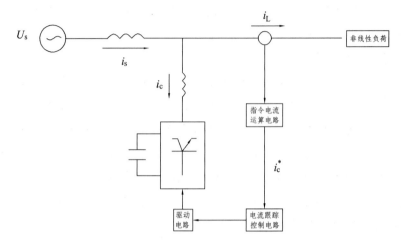

图 7-2 有源滤波器系统构成原理图

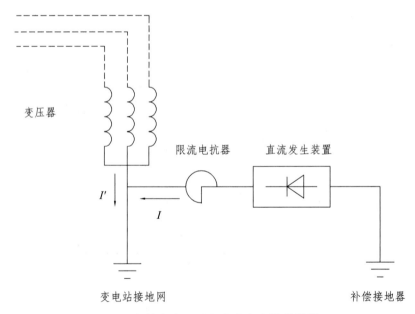

图 7-3 中性点注入反向直流电流的装置原理

2）中性点串联电阻

流过变压器直流电流的大小取决于中性点接地电位差，以及变压器中性点接地电阻、绕组和连接电路的等效电阻，因此，在中性点接地线上串联限流电阻，可以有效地抑制中性点的直流电流，其原理如图 7-3 所示。电阻串入的同时，变压器中性点对地电位也随之升高。中性点串联小电阻接地改变了系统的零序阻抗，因此，需要对相关保护和自动化装置的整定重新做校核计算。

3）中性点串联电容器

将电容器串入变压器中性点与地之间，可以隔断直流电流以消除其对变压器的影响。不过，所串电容器的电容量较大、价格昂贵、占地面积较大；同时，该方法改变了系统的零序阻抗，继电保护、自动化装置和绝缘配合等方面均需重新校核整定，在大电流冲击下还有爆炸危险，其经济性和实用性方面都有所欠缺。另外，该装置投入运行后，极有可能中性点造成其他变压器中性点的直流电流增大，从导致其他变压器的直流偏磁。为此需要设计更为安全的具体改进方案，如图 7-4 所示的带旁路方案。抑制中性点直流电流原理如图 7-4 所示。

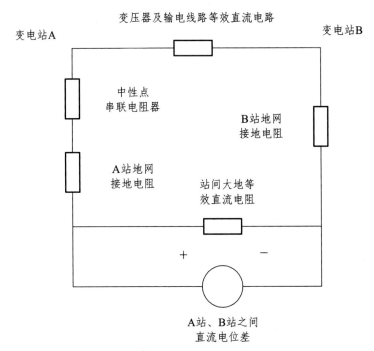

图 7-4 抑制中性点直流电流原理图

4）交流输电线串联电容

在变压器绕组出线处串联耦合电容以阻断直流电流。在一个电压等级的输电线路上装设串联电容并不能限制直流电流通过自耦变压器流到另一个电压等级的线路，必须在与交流系统相连的所有出线上均装设串联电容器，才能有效地抑制和消除流过相关变压器中性点的直流电流。

5）电位补偿法

在变压器中性点与地网之间串联一个电位补偿元件，全额或部分补偿地中电流引起的交流电网各变电站接地网之间的电位差，使交流电网变压器中性点电位相同或相近，有效地抑制变压器中性点直流电流。

6）改善电网中直流电流的分布

在上述方法实际操作中发现，为消除某台变压器的直流偏磁而不得已断开接地，但却使其他变电站的变压器中性点直流电流增大并引起了直流偏磁。所以，在电流超标的变压器中性点安装抑制装置有时不能从根本上解决问题。

7）降低变压器运行工作点

变压器运行于铁心励磁特性曲线上的不同工作点时，其承受直流偏磁电流干扰能力会受到一定的影响。随着运行工作点的降低，同样幅值的直流偏磁电流所产生的干扰将会有所减弱。

此外，对于通过变流器并网的分布式电源而言，为防止直流偏磁的发生，通常需要设置隔离变压器。然而，变压器的采用必然使分布式电源系统体积增大、造价提高，更不利于分布式电源的推广。因此可以考虑在某些情况下，省略隔离变压器。例如，直流回路不采用接地方式或通过高频变压器隔离，或逆变器交流输出侧具备直流分量检测，并在检测到直流分量超标时自动停机。

7.2.2.2　分布式电源孤岛检测与控制

1. 孤岛的定义

包含分布式发电系统的微电网当主网故障或者其他原因停电时未能及时检测出主网状态的变化而将自身与主网分离，形成了一个主电网无法控制的由分布式发电系统单独供电的孤立的电网称为孤岛。在孤岛运行下孤岛内部分布式电源的容量应与负载的功率保持平衡，一旦功率不平衡必将引起电压和频率的变化，导致电压频率无法稳定，微电网就无法正常运行。

2. 孤岛运行的划分

按照事先有无规划好的孤岛区域，孤岛运行分为计划孤岛运行和非计划孤岛运行。

1）计划孤岛

为维持孤岛的稳定运行，保证分布式发电系统在主配电网故障停电的情况下正常向孤岛内的负载供电，应依据分布式电源的容量和本地负载容量的大小提前规划好合理的孤岛区域。一般来说，计划孤岛是分布式电源对大电网一个有力的补充，可作为重要用户的一种紧急供电手段。

2）非计划孤岛

当电力系统发生故障引起断路器跳闸，分布式发电系统单独向孤岛内的负载供电，孤岛的范围不确定。一般来说非计划孤岛内分布式电源的容量与负载容量不匹配，若长时间运行会导致电压频率严重偏离，造成重大的安全隐患。

非计划孤岛的产生可能会对电力系统的安全运行带来以下的影响：

（1）如果分布式电源的容量与负载容量不匹配会导致孤岛内电压、频率的变化，降低电能质量，可能损坏微电网及用户的电力设备。

（2）非计划孤岛由于孤岛范围的不可知性，无法确定故障线路是否带电，这样会对电力维修人员的生命安全带来极大的威胁。

（3）孤岛形成后，分布式电源会继续向跳闸线路的另一端供电，导致重合闸失败。

（4）孤岛电压相量对于主网产生漂移，当电网恢复时可能会干扰重合闸。

（5）孤岛运行时可能会给孤岛内三相负载供单相电流，使之缺相运行，造成危害。

3. 孤岛检测方法

为避免非计划性孤岛造成的危害，快速有效地实施孤岛检测是十分重要的。目前已有多种不同的孤岛检测方法被提出，根据孤岛检测设备的安装位置和基本工作原理，可将孤岛检测方法进行分类，如图7-5所示。

1）基于通信的孤岛检测方法

基于通信的孤岛检测是依靠无线电通信传输孤岛状态信号，其孤岛检测性能通常与分布式发电机的类型无关。该方法又可分为传输断路器跳闸信号和电力线路载波通信两种。

（1）传输断路器跳闸信号。

传输断路器跳闸信号检测孤岛的方法是监控所有 DG 与电网之间的断路器和自动重合闸的状态，一旦发现有开关操作使变电站母线断路，即通过中央处理算法确定孤岛范围，跳开分布式发电机和负载之间的断路器。对于拓扑结构固定，自动重合闸数量有限的变电站，每个监控端（自动重合闸）的信号可以直接送给 DG，可避免采用中央处理运算。该方法的主要缺点是对于多重网络拓扑，需要 1 个中央算法处理；当自动重合闸和配电线路的拓扑结构发生变化时，运算算法需要最新的配电网拓扑信息；另外，该方法还需要通信支持，对于无线电和电话线不能覆盖的 DG 系统，若采用此方法费用将非常高昂。

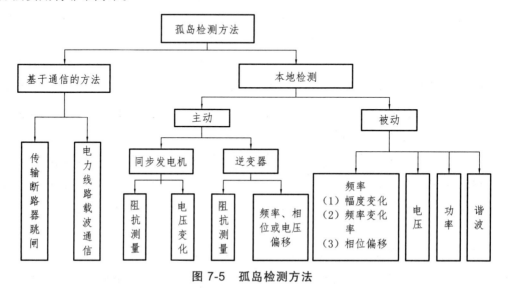

图 7-5   孤岛检测方法

（2）电力线路载波通信。

电力线路载波通信的孤岛检测采用输电线传输信号，该方法采用连接在变电站母线二次侧的信号发生器不断地给所有的配电线路发送信号，每个 DG 设备装设信号探测器。如果探测器没有检测到该信号，则说明变电站和该 DG 设备之间的任何一个断路器均可能跳闸，则 DG 处于孤岛状态。其主要优点是配电网中的分布式电源密度增加时，不需增加信号发生器，而且信号探测器只检测信号的连续性，因此非常可靠；另外，该方法不用考虑配电网络拓扑结构变化。其主要缺点是信号发生器为中压设备，需通过 1 个降压变压器连接在变电站，如果只有 1 台或 2 台分布式发电机使用这个设备，则花费是不合理的；另外信号发生器发出的孤岛检测信号可能干扰其他电力线路载波通信。

2）分布式电源孤岛本地检测方法

孤岛的本地检测方法一般检测 DG 的输出电压和电流信号，该方法可分为两种子类型，其中被动检测方法是根据测量的电压和电流信号判断孤岛是否发生；主动检测方法是向供电系统注入扰动信号，并测量其响应来判断孤岛是否发生。

（1）主动式孤岛检测法。

通过在光伏逆变器控制的信号中加入一个很小的干扰信号使之对逆变器输出的电压、频率或者功率产生微小的扰动，在并网运行时，由于受到主电网的制约，干扰信号的作用非常小，当孤岛产生时，干扰信号的作用就比较明显了，可通过检测公共耦合点的响应来判断是否产生孤岛。这种方法精度高，但是控制比较复杂，又因为向电网输出了干扰所以会降低电能质量。

① 阻抗测量法。基于电压偏移原理的阻抗测量法，通过对光伏逆变器输出电流幅值周期性也引入干扰信号，当并网运行时公共耦合点的电压不会有显著的变化，当孤岛产生时光伏发电系统端的等效阻抗明显变大，引入的电流扰动信号导致逆变器输出电压也有很大的变化。由此可以判断是否产生孤岛。

② 电压正反馈法。基于微电网与大电网的公共结合点的电压改变量的电压正反馈法，通过改变电流大小，造成公共结合点的电压改变，若公共结合点的电压脱离原允许值，便对电流做同向干扰，使公共结合点的电压改变量加剧至不允许值，从而判别出孤岛效应。

③ 主动频率偏移法。基于频率偏移原理的主动频率偏移法，通过改变逆变器输出电流的频率，对公共耦合点电压频率产生扰动。在并网运行时公共耦合点的电压频率与工频保持一致，当孤岛产生时电压频率会受到逆变器输出电流频率的影响而发生变化，当变化超出规定范围则可认为产生了孤岛。

④ 滑模频率偏移法。基于相位偏移原理的滑模频率偏移法，通过在光伏逆变器的输出端引入电流相位的微小变化，当光伏系统并网运行时，由于锁相环的作用，电网提供固定的频率和相位，逆变器工作在工频下，当电网停电时，引入的相位偏移在正反馈的作用下变得越来越大，导致电压频率超出正常范围。由此可以判断孤岛的产生。除此之外还有频率突变检测法、自动相位偏移法等等。

（2）被动式孤岛检测法。

与主网断开连接形成孤岛后，电气量会发生变化，被动式检测法通过检测电压、频率、相位或谐波的变化进行孤岛检测。

① 电压频率检测法。孤岛形成时非计划孤岛内部的功率一般不平衡，会导致电压和频率的变化，当变化超出规定的范围可以认为形成了孤岛。

② 相位跳变检测法。正常情况下，并网逆变器仅控制着其输出电流与主电网电压

同相，其输出电压则受电网控制，孤岛产生时由于逆变器输出电压不受主网控制，加之孤岛内负载阻抗角的存在导致电压相位跳变，通过检测逆变器输出端电压和电流的相位差即可判断孤岛的产生。

③ 电压和频率保护继电器的检测法。在微电网发电系统中安装过压继电器、欠压继电器、过频继电器和欠频继电器等保护继电器。若大电网断电，微电网系统输出功率和本地负载的功率不一致，致使本地负载端电压和频率改变很大，经过过压、欠压、过频和欠频继电器的检测，继电器将微电网系统切离大电网。但是，孤岛效应若在微电网系统输出功率和本地负载的功率一致产生，不能被此方法及时检测出。

④ 电压谐波检测法。分布式光伏发电系统并网后受电网制约公共耦合点的谐波含量相对较少，产生孤岛时，孤岛内的非线性负载会向公共耦合点注入谐波电流，产生电压畸变，通过检测公共耦合点电压谐波的变化判断是否产生孤岛。

7.2.2.3 分布式电源并网控制技术

在分布式电源组成的微电网中，因为分布式电源的类型、发电原理存在差别，所以要针对类别不相同的 DG 选用恰当的控制方式，保证分布式电源的稳定运行。目前 DG 的控制策略有以下几种：PQ 控制、VF 控制和下垂控制。

1. PQ 控制

PQ 控制是微电网控制中常见的措施，P 和 Q 分别代表着微网中电源的有功功率和无功功率。PQ 控制就是微网系统提前设定好电源的有功功率与无功功率的标准值，电源按照这个提前设定好的标准值进行输出，无论系统其他的电气量如何变化，微电源依然在这个标准值的附近进行功率输出。PQ 控制原理如图 7-6 所示。

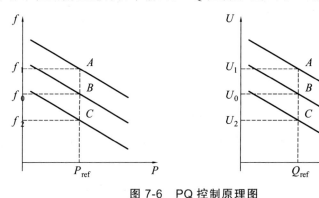

图 7-6　PQ 控制原理图

微网系统中某一个电源在 PQ 控制下运行，系统预先设置好的输出有功功率为 P_{ref}，输出的无功功率为 Q_{ref}，这时系统的额定频率为 f_0，此时 DG 逆变器的端口电压为 U_0，这时系统在 B 点运行。当系统的频率增加到 f_1，逆变器端口的电压上升到 U_1，此时系统输出的有功功率与无功功率依然保持在设定值，系统在 A 点运行。当系统频率减少到 f_2 时，分布式电源逆变器电压下降到 U_2，系统依然按照设定值输出有功频率与无功频率，系统在 C 点运行。

从上述原理知，PQ 控制只能使系统保证自身的频率稳定性，当微网系统出现电压和频率同时发生异常时，这时 PQ 控制则不能做出响应。当微网系统在运行时，可能会进行孤岛运行，在孤岛运行时很多交流负载对电压和频率都有较高的要求，电压、频率与额定值偏差偏大的话会直接影响电气元件的使用寿命与工作状态，在 PQ 控制下无法保证电压与频率的稳定。所以 PQ 控制需要通过较大的电网提供稳定的电压与频率，由此可知 PQ 控制主要适用于并网运行。

2. VF 控制

VF 控制是指恒压恒频控制，主要用于微网内主电源的控制。V 指的是微电源连接到微网的接口电压，F 指的是电源的端口频率，一般选取 50 Hz，VF 控制用系统预先设定好的 V 和 F 的值进行控制，当系统内部其他电气量参数发生变化时，在 VF 控制下微电源的输出电压和端口频率保持稳定。VF 控制原理如图 7-7 所示。

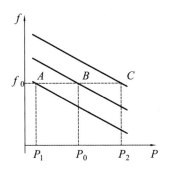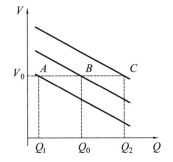

图 7-7　VF 控制原理图

当输出的有功功率 P 在 P_0 点，无功功率 Q 在 Q_0 时，此时系统在 B 点运行，电源输出的电压与频率标准值分别是 V_0 和 f_0，当有功功率减少到 P_1 时，无功功率也减少到 Q_1，此时电源在 A 点运行，输出的频率与电压依然是标准值。同理可得，当电源输出的有功功率增加到 P_2 的时候，无功功率也增加到 Q_2，电源依然按照电压频率的标准值

在 *C* 点稳定的运行。

VF 控制就是使电源改变输出功率来保持自身输出电压频率的稳定，为微网的运行提供了稳定的电压和频率。VF 控制策略一般运用于微网脱离电网的孤网运行。VF 控制中频率参考值一般取 50 Hz，电压的参考值一般要根据所要并网的电压等级取。所以在 VF 控制下的微电网，当从孤网运行转到并网运行时，对主电网的影响相对较小。但是这种控制方式下的微网，当其中的 DG 出现故障时，会使得在孤网运行的时候丢失电压与频率的参考值，甚至导致整个微网的瘫痪。

3. 下垂控制（Droop 控制）

在微电网的对等控制中主要运用了下垂控制，它可以达到多个分布式电源出力的协调控制的目标，但这是一种有差控制，无法使微网的频率和电压恢复到并网时的水平。它是模拟电力系统的一次调频来对分布式电源进行调控，如图 7-8 所示。

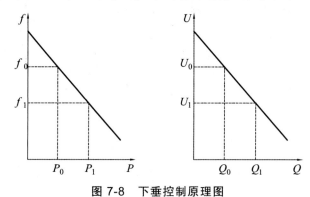

图 7-8　下垂控制原理图

由原理图可以看出，当有功功率 P_0 增加到 P_1 时，有功负荷增大，有功功率不足导致频率下降；当无功功率从 Q_0 增加到 Q_1 时，无功负荷增大，无功功率不足致使电压 U 下降到 U_1。目前此控制主要有两种方法：f-P、V-Q 下垂控制法和 P-f、Q-V 下垂控制法。f-P、V-Q 下垂控制法是通过调节电压的频率和幅值去调节功率，P-f、Q-V 下垂控制法是通过调节输出功率控制电压的幅值和频率。

8 智能化安防技术

8.1 智能一体化五防系统

智能变电站智能一体化五防系统是基于一体化的思想将五防系统作为监控系统的高级应用之一设计开发，将传统监控系统和独立五防主机进行软硬件的整合，共享实时数据资源、图形资源和软硬件资源，充分发挥设备资源，节约开支。智能变电站监控系统为一体化五防系统的实现提供丰富的实时数据、图形资源和可靠稳定的通信平台，其性能将直接影响五防系统的功能性、稳定性和可靠性。

8.1.1 智能一体化五防系统的结构及其优点

智能一体化五防系统按照智能变电站的分层方式分为站控层五防、间隔层五防和过程层五防，如图 8-1 所示。

站控层五防主要是由部署在安全 I 区的监控主机和安全 II 区的综合应用服务器上的一体化五防系统高级应用构成，另外该系统还需从实时数据库中获取相关设备的实时状态用于五防逻辑校验。防误闭锁主要是通过预设的闭锁逻辑规则实时校验操作票的模拟预演和执行，并在发现错误时立即闭锁操作并给出提示性警示。对于可以遥控执行的任务序列依次下发遥控至 IED 装置；对于需要至现场操作的任务，可以将操作任务序列下发至电脑钥匙，由现场操作人员携钥匙到现场操作。

电脑钥匙还需与钥匙底座、防误锁具、位检模块及其他安装附件配合使用，是站控层与过程层五防功能连接的桥梁。钥匙底座用于支持电脑钥匙与监控主机间通过串口方式进行数据交换，同时还用于为电脑钥匙充电。电脑钥匙的主要功能包括：接收监控主机下发的操作序列、现场操作防误锁具、读取设备位检模块和回传现场操作执行情况与设备状态。

间隔层五防，主要是指运行在测控一体装置中的五防模块，具有间隔内防误和间隔间防误功能，其主要是防止在装置上直接遥控开关、刀闸等设备时的误操作，以及当站控层系统瘫痪后承担变电站的五防任务。间隔层的闭锁节点，通常串联在开关刀闸设备的电气控制回路上，且在正常情况下都是断开的，每次操作时有且只能有一个闭锁节点闭合。

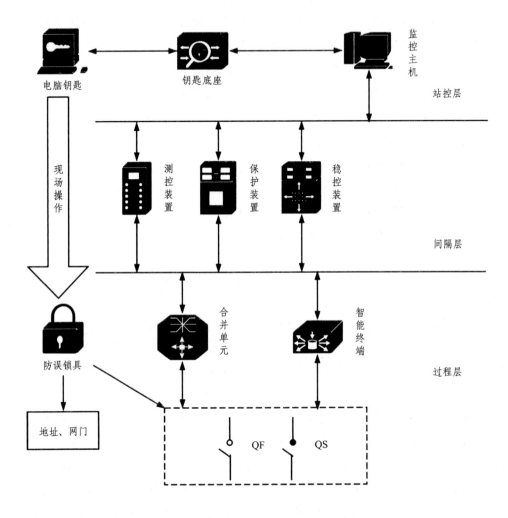

图 8-1　智能变电站一体化五防系统

过程层五防，主要是指开关柜、地桩、网门等设备上的机械锁或电气编码锁，用来防止操作人员误操作、误入间隔。另外随着智能终端的普及，一方面可以采集并上传刀闸位置、开关状态等遥信量，另一方面可接收来自测控装置的指令，并通过其在断路器、隔离开关、可遥控电源空气开关等电气一次设备的控制回路中串入的闭锁节点实现过程层的防误。为防止智能终端与上层通信中断，在智能终端上设置万能钥匙，实现强制解锁，允许运行人员进行紧急就地操作。

总结来说，一体化五防系统具有以下优点：

（1）节约成本。取消单独的防误主机，减少了硬件上的开支，另外不需要监控主机与防误主机之间额外的通信连接，节约电缆和网络设备。

（2）可靠性提高。一体化五防系统可以直接访问实时数据库，一方面可以实时从数据库中读取所需设备的实际状态，用于五防闭锁逻辑运算和实时监视操作票的执行过程，一旦发现错误可立即闭锁相关操作；另一方面，可以快速回传操作的执行情况，便于开展下一步的操作任务。另外，数据仅在系统内部传输确保实时数据快速可靠的传递，不会受到外部的电磁干扰。

（3）配置维护简单。在系统配置的时候，无需为防误主机单独配置图形界面，以及与监控主机之间的通信连接，减少了系统配置的工作量。对于运行监控人员来说，集中管理便于操作任务执行状态的监控。

8.1.2　智能一体化五防系统的实现方式

在站控层，五防系统的主要功能是配置管理、监视控制和统计查询，其中配置管理主要包括闭锁点的设置、闭锁逻辑表达式的设置以及其他系统配置内容；监视控制主要针对设备的状态和操作票的执行进度；统计查询主要指操作任务的历史查询。

防误闭锁功能的实现主要是依靠预先设置好的闭锁逻辑表达式和闭锁点，而各开关、刀闸等设备的闭锁逻辑表达式，在系统初始配置时已经按照电力公司的要求配置完毕。在 IEC 61850 标准下，能够实现逻辑规则在系统底层的统一，促进五防系统的标准化建设。通过对人机界面的设计实现用户自主的修改和下发至间隔层装置，保证五防系统的逻辑规则在站控层和间隔层的统一，提高系统便捷性和可靠性。

当监控系统接到执行某项倒闸操作任务时，运行人员需切换至模拟预演态，按照操作票要求的步骤，在五防系统截取的监控画面上，按照操作票要求对相应设备依次进行模拟预演操作。针对模拟预演的每一个操作，均会在后台自动按照预设规则执行五防校验，若校验成功，设备可模拟运行，并将设备的模拟态存入数据库中，并加上标志位；反之，设备拒绝模拟运行，并给出详细的警示信息。执行完所有模拟操作后，即可生成操作序列，运行人员可以直接下发遥控远程执行操作或下发至电脑钥匙由操作人员到现场操作。

间隔层的防误主要是通过装置的五防功能模块控制串联在开关、刀闸等设备控制回路中闭锁节点的开合实现的。通常情况下，此类闭锁节点保持常开，闭锁回路示意图如图 8-2 所示。间隔间的闭锁依靠 GOOSE 机制，实现各个测控装置和保护装置之间的五防闭锁信息的传递。

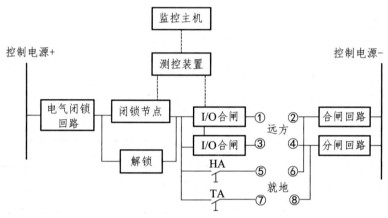

图 8-2　五防闭锁回路示意图

8.1.3　智能一体化五防系统的功能

智能一体化五防系统主要是通过运行在监测系统平台上的五防系统实现核心控制功能，主要包括操作控制、统计查询、系统维护和配置管理等功能模块。这四个模块相互协调、紧密联系，并与一体化监控系统共享实时数据库和图形资源，数据源更加丰富，操作方便快捷，具体的功能体系图如图 8-3 所示。运行人员可在相应功能模块下进行图形开票、模拟预演、操作任务管理、编辑五防逻辑规则、系统配置等具体工作。

从图 8-3 中可以看出，一体化五防系统四大功能模块又各自包括若干个功能子项，其中常用的功能如下：

（1）刷新断面：进入一体化五防系统时，该系统会自动截取当前监控画面的断面，通过刷新断面可更新断面中设备的状态。

（2）模拟预演：需要输入操作人、监护人、责任人的用户名和密码，按照操作票的要求创建预演任务，并自动生成任务编号。运行人员在系统截取的断面上对相应设备按要求操作，并形成操作序列。该操作不改变设备的实际状态，只改变设备的模拟状态，但五防系统对每一步的操作均进行五防校验。

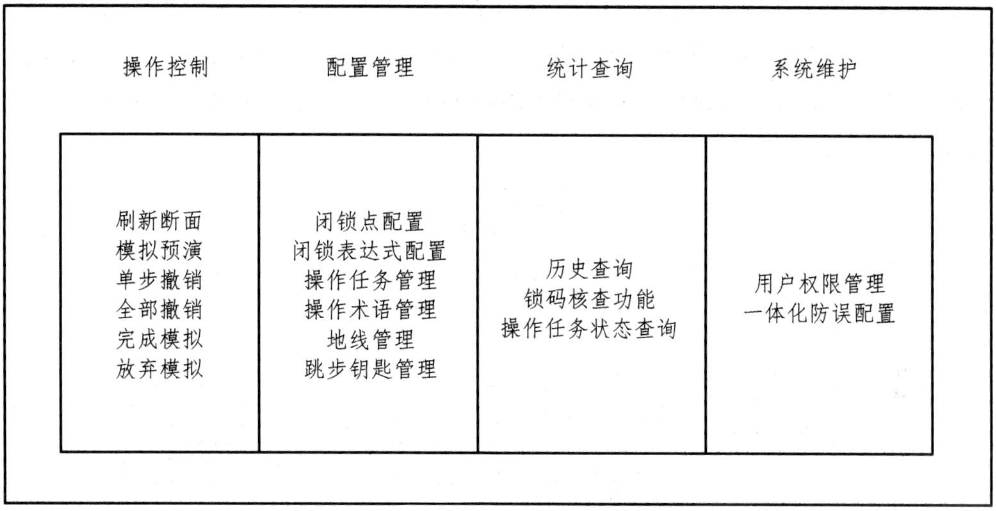

图 8-3 智能一体化五防系统功能体系图

（3）单步撤销：在进行模拟操作时，可通过该按钮撤销上一步的模拟操作。

（4）全部撤销：撤销所有的模拟操作步骤。

（5）完成模拟：用于结束当前的模拟任务，转入操作任务管理。

（6）放弃模拟：放弃当前的模拟任务。

（7）闭锁点配置：对相关设备设置闭锁点，包括普通设备、组设备、多点操作设备、网口组设备和 XGN 柜子设备，测控类型主要包括测控一体、测控分离、只控不测等。

（8）闭锁表达式配置：对开关、刀闸等设备设置合规则、分规则，并验证其正确性，包含修改闭锁逻辑规则，导出、导入闭锁逻辑规则，并且针对用户和维护人员的不同需求，设计不同的管理方式。

（9）操作任务管理：主要包括对等待下传任务和对等待回传任务的管理。对于等待下传任务，处理方式包括两种：一种方式是下发操作任务至内存，通过遥控执行操作；另一种方式是下发任务序列至电脑钥匙，由运行工作人员按照电脑钥匙的提示对相应设备进行操作，按顺序执行完毕后，及时将操作结果回传至监控系统。对于等待回传的任务处理主要是中止。

（10）操作术语管理：对操作提示语、错误提示信息等自定义修改。

（11）地线管理：查看地线编号、地线名称、使用状态、对应的地桩编号、地桩名称等信息。

（12）跳步钥匙管理：使用跳步钥匙 ID 在系统中注册。跳步钥匙主要用于锁具出现异常无法正常打开时的强制解锁。

（13）历史查询：根据操作时间、操作任务名称、操作人等条件查询操作任务的状态、编号、描述、监护人、负责人等信息，并支持打印。

（14）锁码核查功能：管理编码锁的信息，包括导出锁码信息、导出锁编码图（机械编码）和导出锁类型统计信息。

（15）用户权限管理：包括用户管理、模块管理和权限管理。

（16）一体化防误配置：设置一体化五防系统的参数，包括设置监控后台机的 IP 地址、电脑钥匙的 IP 地址、电脑钥匙的端口等。

8.2 人脸识别技术

人脸识别是基于人的脸部特征信息进行身份识别的一种生物特征识别技术，其一般包含四个阶段：人脸图像采集、人脸检测及预处理、人脸特征提取、人脸比对与身份确认。首先通过摄像头采集人脸图像，一般需要采集同一个人的多张人脸照片，可以有不同的表情、姿态等；然后进行人脸检测，检测出人脸所在的位置和人脸关键点的坐标，并将检测到的人脸分割成一定大小的图片进行保存，便于后续的识别和处理；人脸特征提取就是对人脸进行特征建模的过程，根据人脸的形状来获得有助于人脸分类的特征数据；再将处理后的特征数据与数据库中的人脸进行匹配对比，从而确认出每个人脸的身份。因此，与现有的身份认证方式（如 IC 卡、指纹识别等）相比，人脸识别技术是一种简单方便、识别率高且安全可靠的生物特征识别技术，具有明显的应有优势。

8.2.1 人脸检测

人脸检测是人脸识别技术的基础部分，人脸检测的准确度与应用场景的适应程度直接影响人脸识别的灵敏、速度。人脸检测主要是指在动态的场景与复杂的背景中判断是否存在人脸，并分离出这种人脸。

人脸检测的一般方法主要有参考模板法、人脸规则法、样品学习法、肤色模型法、特征子脸法等 5 类方法。一般来说，5 类方法综合应用，可以提高人脸识别的准确度与灵敏度。

（1）参考模板法：以一个或数个标准人脸为模板，然后计算测试采集的样品与标准模板之间的匹配程度，并通过阈值来判断是否存在人脸。

（2）人脸规则法：由于人脸具有一定的结构分布特征，所谓人脸规则的方法即提取这些特征生成相应的规则以判断测试样品是否包含人脸。

（3）样品学习法：采用模式识别人工神经网络的方法，即通过对人脸样品集和非人脸样品集的学习产生分类器。

（4）肤色模型法：依据人脸肤色在色彩空间中分布相对集中的规律来进行检测。

（5）特征子脸法：将所有人脸集合视为一个人脸子空间，并基于检测样品与其在子孔间的投影之间的距离判断是否存在人脸。

8.2.2　人脸图像预处理

变电站不同于其他应用场景，受环境因素的影响，获取到的图像质量往往不高，因此需对图像先进行适当的预处理，图像预处理是人脸识别过程中的一个重要环节。

8.2.2.1　灰度化处理

彩色图像包含的信息较多，而灰度化的图像包含的信息较少，并且灰度化的图像还易凸显关键目标的轮廓信息，有利于提升检测和识别效率，因此，对人脸图像的预处理首先做的是图像的灰度化处理。

彩色图像中的像素点对应于 RGB 颜色空间中的一个点，R、G、B 分别为红色、绿色、蓝色，每种基色的变化范围为 0 ~ 255，颜色空间如图 8-4 所示。灰度图中像素点的变化范围如图 8-4 中对角线，在 0 ~ 255 之间连续变化，一个像素点只需用一个字节来存放灰度值，代表图像的亮度信息而没有色彩信息。

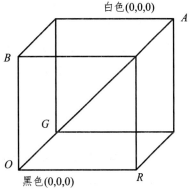

图 8-4　RGB 颜色空间

将图像由 RGB 颜色空间向灰度空间转化是基于加权平均，灰度转化如式（8-1）所示：

$$\begin{bmatrix} Y \\ U \\ V \end{bmatrix} = \begin{pmatrix} 0.299 & 0.587 & 0.114 \\ -0.148 & -0.289 & 0.437 \\ 0.615 & -0.515 & -0.1 \end{pmatrix} \begin{pmatrix} R \\ G \\ B \end{pmatrix} \tag{8-1}$$

式中，R、G、B 为图像中对应像素点的 3 基色，Y 即为所求灰度值，U 和 V 为色调。也可使用公式（8-2）直接计算灰度值 Gray：

$$Gray = 0.299 \times R + 0.587 \times G + 0.114 \times B \tag{8-2}$$

8.2.2.2 噪声处理

灰度化后的图像已变得相对简单，但受人为、自然环境和设备等因素的影响，图像中会包括许多噪声，所以还需进一步做去噪处理。噪声有很多种，从概率统计的角度可以将其分为两类，分别为加性噪声和乘性噪声，其中加性噪声如公式（8-3）所示：

$$F(x,y) = f(x,y) + t(x,y) \tag{8-3}$$

式中，$f(x,y)$ 为原图像，$t(x,y)$ 为噪声，$F(x,y)$ 为包含噪声的图像。

乘性噪声如公式（8-4）所示：

$$F(x,y) = f(x,y) + f(x,y) \times t(x,y) \tag{8-4}$$

一般情况下，图像中的噪声多属于加性噪声，具体包括脉冲噪声、高斯噪声等，并且噪声处于图像的高频段，而主要信息则处于低频段，所以采用低频滤波的方法可以将噪声过滤掉。常用的滤波方法有均值滤波、中值滤波、高斯滤波，其中均值滤波在去噪的同时易使图像变得模糊，中值滤波仅对脉冲噪声具有较好的过滤作用，高斯滤波的滤波效果柔和，能够很好地保留图像中关键目标的边缘信息大量使用。因此，详细介绍高斯滤波的去噪处理。

高斯滤波是一种线性滤波，其基本原理是根据高斯函数确定邻域大小和权重，常用二维零均值高斯函数，如公式（8-5），然后在其邻域内求图像中每个像素点的加权平均值作为该点的像素值。

$$H(x,y) = \frac{1}{2\pi\sigma^2} e^{\frac{x^2+y^2}{2\sigma^2}} \tag{8-5}$$

8.2.2.3 图像尺寸归一化

人脸识别过程中要求待识别人脸图像与样本库中的人脸保持同样大小，但在实际采集过程中，人脸会因距离摄像头位置的不同而大小不一，人体检测对训练集中的正样本图像要求是同样大小，因此，在进行人脸识别前对图像做好尺度归一化工作是很有必要的。

如图 8-5 所示，以人脸的眼睛和鼻子为 3 个特征点，标定特征点。以两眼间水平连线与鼻子纵向延长线的交点为坐标中点 O，两眼间距离为 D。以 O 为几何归一中心基准点，左右剪切 D，垂直方向分别取 $0.7D$ 和 $2D$ 的区域裁剪采集的图像。将裁剪后原图像的人脸区域复制至标准尺寸图像，实现对采集图像的几何归一化处理。

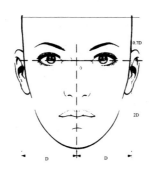

图 8-5　人脸特征点标定示意图

8.2.3　人脸特征提取

8.2.3.1　基于 LBP 的特征提取方法

局部二值模式（Local Binary Pattern，LBP）最早于 1994 年由 T. Ojala 等人提出，后不断有人进行扩展得到很多扩展后的 LBP 算子，如圆形 LBP 算子、等价 LBP 算子等。在此介绍改进后的圆形 LBP 算子，以 1 邻域 8 个像素点 LBP 为例，每个像素点的 LBP 的计算处理过程如下：

（1）计算邻域像素点与周围像素点之间的差值，得到序列。

$$d = \{d_0, d_1, \cdots, d_7\} \tag{8-6}$$

（2）归一化处理：利用公式对每一元素进行归一化，并更新序列。

$$d_i = \frac{d_i - d_{\min}}{d_{\max} - d_{\min}}, (i = 0, 1, \cdots, 7) \tag{8-7}$$

式中，$d_{\min}$，$d_{\max}$ 分别为序列中的最小值和最大值，若二者相等，则序列 $d = \{0,0,0,0,0,0,0\}$。

（3）二值化处理：根据归一化结果，利用公式（8-8）得到二值化序列 D。

$$d_i = \begin{cases} 1 & d_i \geqslant 0.5 \\ 0 & d_i < 0.5 \end{cases} \tag{8-8}$$

（4）计算 *LBP* 值：根据公式（8-9）进行计算等价 *LBP* 值。

$$LBP_{P,R} = \begin{cases} \sum_{p=0}^{p-1} s(g_p - g_c)，& \text{if } U(LBP_{P,R}) \leqslant 2 \\ P+1 & ，\text{其他} \end{cases} \tag{8-9}$$

根据以上步骤计算 *LBP* 值，过程如图 8-6 所示。

44	117	191
31	82	203
60	173	249

-38	35	109
-51	82	121
-22	91	167

0	0.4	0.7
0.1	82	0.8
0.1	0.6	1

0	0	1
0		1
0	1	1

原始数据　　　　　差值化　　　　　归一化　　　　　二值化

图 8-6 LBP 计算流程图

8.2.3.2 基于主成分分析的特征提取方法

主成分分析（Principal Component Analysis，PCA）是基于 K-L 变换（Karhunen Loeve Transform）的一种线性映射方法，在人脸识别方面有着广泛的应用，其基本原理如下：

设 $\boldsymbol{\varphi}_1, \boldsymbol{\varphi}_2, \cdots, \boldsymbol{\varphi}_n$ 为 n 维空间中的一组基向量，对于任意 n 维向量 $\boldsymbol{X}$ 可表示为

$$\boldsymbol{X} = \sum_{i=1}^{n} \alpha_i \boldsymbol{\varphi}_i = \boldsymbol{\varphi}\boldsymbol{\alpha} \tag{8-10}$$

式中，α_i 为基向量系数，$\boldsymbol{\varphi} = (\boldsymbol{\varphi}_1, \boldsymbol{\varphi}_2, \cdots, \boldsymbol{\varphi}_n)$，$\boldsymbol{\alpha} = (\alpha_1, \alpha_2, \cdots, \alpha_n)$，对基向量进行正交化处理得到一组正交向量记为 $\boldsymbol{f}_1, \boldsymbol{f}_2, \cdots, \boldsymbol{f}_n$，其中，

$$\boldsymbol{f}_i^{\mathrm{T}} \boldsymbol{f}_j = \begin{cases} 1 & j=i \\ 0 & j \neq i \end{cases} \tag{8-11}$$

记 $\boldsymbol{\varphi}$ 为正交矩阵，由正交向量 $\boldsymbol{f}_1,\boldsymbol{f}_2,\cdots,\boldsymbol{f}_n$，满足公式（8-12）。

$$\boldsymbol{\varphi}^{\mathrm{T}}\boldsymbol{\varphi} = \boldsymbol{I} \tag{8-12}$$

将正交矩阵代入式（8-12）得

$$\boldsymbol{\alpha} = \boldsymbol{\varphi}^{\mathrm{T}}\boldsymbol{X} \tag{8-13}$$

接下来进行正交向量 $\boldsymbol{\varphi}$ 计算，设随机变量 $\boldsymbol{X}$ 的自相关矩阵为：

$$\boldsymbol{R} = E\left[\boldsymbol{X}^{\mathrm{T}}\boldsymbol{X}\right] = E(\boldsymbol{\varphi}\boldsymbol{\alpha}\boldsymbol{\alpha}^{\mathrm{T}}\boldsymbol{\varphi}^{\mathrm{T}}) = \boldsymbol{\varphi}E(\boldsymbol{\alpha}\boldsymbol{\alpha}^{\mathrm{T}})\boldsymbol{\varphi}^{\mathrm{T}} \tag{8-14}$$

向量 $\boldsymbol{\alpha}$ 的各个分项需互不相关，满足公式（8-15）：

$$E\left[\alpha_{\mathrm{i}}\alpha_{\mathrm{j}}\right] = \begin{cases} \lambda_{\mathrm{i}} & , \mathrm{j=i} \\ 0 & , \mathrm{j\neq i} \end{cases} \tag{8-15}$$

那么

$$\boldsymbol{R} = \boldsymbol{\varphi}\boldsymbol{\Lambda}\boldsymbol{\varphi}^{\mathrm{T}} \tag{8-16}$$

从而得到

$$\boldsymbol{R}\boldsymbol{\varphi}_{\mathrm{i}} = \boldsymbol{\varphi}_{\mathrm{i}}\boldsymbol{\Lambda}_{\mathrm{i}} \quad (i=1,2,\cdots,n) \tag{8-17}$$

式中，λ_i 和 $\boldsymbol{\varphi}_{\mathrm{i}}$ 仍为对应自相关矩阵 $\boldsymbol{X}$ 的特征值和特征向量，且因 $\boldsymbol{X}$ 为实对称矩阵，所以 $\boldsymbol{\varphi}_{\mathrm{i}}$ 之间是相互正交的。

8.2.3.3 基于线性判别式分析的特征提取法

线性判别式分析（Linear Discriminant Analysis，LDA）于 1936 年由 Fisher 提出，也被称为 Fisher 线性分类法（Fisher Linear Discriminant，FLD），其基本思想是根据原始人脸样本类别信息，对人脸样本特征向量进行线性变换，使其投影到较低维度的子空间中，同时保留着图像的主要信息，并最大化类间离散度和最小化类内离散度。

基于 LDA 的人脸识别过程类似于基于 PCA，只需将协方差矩阵 $\boldsymbol{P}$ 替换为 $\boldsymbol{S}_{\mathrm{w}}^{-1}\boldsymbol{S}_{\mathrm{b}}$，求对应的特征值和特征向量以及特征空间 W，其中 $\boldsymbol{S}_{\mathrm{w}}$ 和 $\boldsymbol{S}_{\mathrm{b}}$ 分别为类内离散度矩阵、类间离散度矩阵，如公式（8-18）、（8-19）所示：

$$\boldsymbol{S}_{\mathrm{w}} = \sum_{i=1}^{C}\sum_{j=1}^{n_j}(\boldsymbol{x}_{\mathrm{ij}} - \boldsymbol{u}_{\mathrm{i}})(\boldsymbol{x}_{\mathrm{ij}} - \boldsymbol{u}_{\mathrm{i}})^{\mathrm{T}} \tag{8-18}$$

$$S_b = \sum_{i=1}^{C} (u_i - u)(u_i - u)^{\mathrm{T}} \qquad (8\text{-}19)$$

8.2.3.4　基于 Face Net 人脸特征提取

Face Net 模型是由 Schroff 等人提出的基于深度学习的人脸识别模型。该模型基于深度神经网络 Google Net 构建，并使用三元损失函数实现人脸识别的功能，三元损失函数的定义如下：

$$L = \sum_{i}^{N} \left[\left\| f(x_i^a) - f(x_i^p) \right\|_2^2 - \left\| f(x_i^a) - f(x_i^n) \right\|_2^2 + \alpha \right]_+ \qquad (8\text{-}20)$$

式中，$\|z\|_2$ 表示 z 的二范数；$[z]_+$ 表示 z 的正数部分，即 $\max(z,0)$；x_i^p 表示样本 i 中与 x_i^a 同类的图像，x_i^n 表示与 x_i^a 异类的图像。α 是为平衡收敛性与精确度设置的超参数。Face Net 模型的训练过程如下：

将人脸图像数据集进行组合成为以下形式：样本 i 包含 x_i^a，x_i^p，x_i^n 三张人脸图像，其中 x_i^a 与 x_i^p 为同一人的脸部图像样本，x_i^a 与 x_i^n 为不同人的脸部图像样本。分别使用 Google Net 对 x_i^a，x_i^p，x_i^n 进行特征提取，得到 $f(x_i^a)$，$f(x_i^p)$，$f(x_i^n)$。每张人脸图像经过特征提取后得出 128 维特征向量，该特征向量能够反映面部的不同特征。然后通过式（8-21）计算损失函数，并通过随机梯度下降（stochastic gradient descent，SGD）对 Google Net 的权重进行更新。在损失函数不断减小的过程中，$\left\| f(x_i^a) - f(x_i^p) \right\|_2$ 将不断减小，$\left\| f(x_i^a) - f(x_i^n) \right\|_2$ 将不断增大，这意味着用作特征提取的 Google Net 会逐渐具有以下功能：使得同一人的面部图像特征向量趋同，不同人的面部图像特征向量趋异，最终达到同一人的面部特征高内聚，不同人的面部特征低耦合的效果。

在训练过程中超参数 α 的设置至关重要，由式（8-21）可得，当损失函数降为 0 时，有：

$$\left\| f(x_i^a) - f(x_i^p) \right\|_2^2 + \alpha = \left\| f(x_i^a) - f(x_i^n) \right\|_2^2 \qquad (8\text{-}21)$$

即同类图像之间的距离与异类图像之间的距离相差 α，如果在训练过程中将 α 设置得较大，虽然更能够将不同类的图像加以区分，但此时损失函数难以收敛到 0；如果将 α 设置得较小，虽然能够使损失函数轻易收敛，但难以对不同类的图像进行区分。

8.2.4 人脸比对与身份确认

提取图像的特征后，需要将特征与数据库中人脸特征数据匹配。特征匹配的过程实际上是使用分类器将具有相同特征的两个人脸分至相同类中，完成识别，分类器主要有以下几种。

8.2.4.1 最近邻分类器

K 最近邻（K-Nearest Neighbor，KNN）分类器于 1968 年由 Cover 和 Hart 提出，其基本思想是：求出距离待测样本最近的 K 个样本的类别，并以类别数最多的作为该样本的类别，具体分类过程如下：

（1）已知所有分类类别样本集，根据不同类别，分成若干类，组成训练集；

（2）对任一待分类样本，以某种距离度量方式，计算其到训练集中所有数据的距离并排序；

（3）根据排序结果，选出距离最小的 K 个距离对应的训练集中数据；

（4）统计这 K 个训练集中数据的类别，个数最多的对应的类别即为待分类样本最终所属的类别。

8.2.4.2 支持向量机

支持向量机（Support Vector Machine，SVM）分类器于 1995 年由 Cortes 和 Vapnik 首先提出，该方法依据结构化最小风险理论，来寻找那些起关键作用的样本即支持向量，构成最优超平面，常用作两类分类问题，但也可用于多分类问题。其有两种方法可以实现：

（1）通过改变求解分类决策函数，从而"一次性"地实现多分类；

（2）通过将多分类问题转化为一系列两分类问题，构造出两类分类器，然后组合这一系列两类分类器来构造多类分类器，构造方法有两种：一对多和一对一，比较常用的一种是一对一，该方法在进行分类识别时，采用投票机制实现人脸类别划分。

8.2.4.3 反向传播（BP）神经网络

神经网络算法是通过模拟人脑处理信息的机制来实现分类，由大量节点相互连接组成，这些节点被称之为神经元，是一种信息加工函数，每两个节点组成一个连接，并分配一个连接权重，以此实现对原始输入数据的加工处理。反向传播神经网络也称为多层感知器神经网络，其基本思想是通过 Sigmoid 函数代替感知器中的阈值函数，可以在不管网络结构多么复杂的情况下，总可以通过计算梯度来验证各参数对输出结果的影响，以及通过梯度下降法对各参数调整。主要过程如下：

1. 确定神经网络结构

在 BP 神经网络中，设输入层有 m 个节点，对应样本维度，输出层有 n 个节点，对应样本类别数，输入层和输出层之间的称其为隐层，如图 8-7 所示。

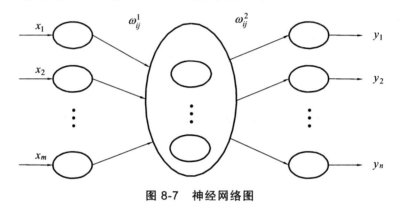

图 8-7　神经网络图

隐层节点个数选取对神经网络的性能是有一定影响的，隐层数的确定通常根据公式（8-22）来求。

$$h = \log_2^n \tag{8-22}$$

式中，n 为输出层节点数目。

2. 训练样本

从训练集中随机地或按照任意顺序地选取一定的样本，并将其记为 $x = [x_1, x_2, \cdots, x_n]^T \in R^n$，其期望输出记为 $D = [d_1, d_2, \cdots, d_m]^T \in R^m$。

3. 计算输出结果

输入为 x，输出

$$y_r = f\left(\sum_{sr}^{n_{L-2}} \omega_{sr}^{l=L-1} \cdots f(\sum^n \omega_{ij}^{l=1} x_i)\right), r=1,2,\cdots,m \tag{8-23}$$

式中，f 是 Sigmoid 函数

$$f(\alpha) = \frac{1}{1+e^{-\alpha}}$$ （8-24）

4. 权值调整

对第 1 层，用公式（8-25）修正权值

$$\omega_{ij}^l(t+1) = \omega_{ij}^l(t) + \Delta\omega_{ij}^l(t) \quad , j=1,\cdots,n_l; i=1,\cdots,n_{l-1}$$ （8-25）

式中，$\Delta\omega_{ij}^l(t)$ 为权值修正项。

$$\Delta\omega_{ij}^l(t) = \eta\delta_j^l x_i^{l-1}$$ （8-26）

η 是学习步长，需事先给定。

对输出层 $(l = L-1)$，δ_j^l 是当前输出与期望输出之误差对权值的导数

$$\delta_j^l = y_j(1-y_j)(d_j-y_j), j=1,\cdots,m$$ （8-27）

对中间层，δ_j^l 是输出误差反向传播到该层的误差对权值的导数

$$\delta_j^l = x_j(1-x_j^l)\sum_{}^{n_{l+1}} \delta_k^{l+1}\omega_{jk}^{l+1}(t), j=1,\cdots,n_l$$ （8-28）

5. 重新计算样本输出

在更新完全部权值后之后，计算各样本输出，并计算更新前后的输出误差，若小于阈值或达到事先约定的总训练次数的上限，则停止，否则置 $t = t+1$，返回步骤 2。

8.2.5 人脸识别技术在变电站智能安防系统中的应用

随着智能安防的发展，越来越多的变电站朝着无人值守的方向发展。变电站智能安防系统以人脸识别技术为基础，实现了变电站智能门禁、智能监控、入侵报警、辅助联动等功能，给变电站建立起一道安全的生物认证系统，确保变电站更加安全、稳定地运行。

8.2.5.1 变电站智能门禁系统

门禁系统是变电站中较为重要的安防系统，将人脸识别技术应用于门禁系统可以很好地提高系统运行的效率。在变电站出入通道中安装高清摄像头，并接入人脸识别平台。当工作人员进出变电站的大门时，摄像头将捕获到的图像实时传入识别平台，

然后将识别到的人脸信息与后台员工数据库进行比对、匹配，确认变电站工作人员的身份信息后，向闸机传达开门信号，使得工作人员无须携带任何证件或钥匙，即可实现在变电站的自由出入。同时，通过工作人员的刷脸记录自动生成考勤情况表，并且实时准确记录人员的进出情况，从而实现自动考勤功能。

8.2.5.2　变电站入侵报警系统

变电站是输电网和配电网之间最重要的衔接环节，其一旦遭到破坏，电网将无法正常运行，造成大范围的停电事故。将人脸识别技术与智能监控技术结合，实时采集变电站主要出入口及周边等重点区域的视频监控图像，在检测到陌生人时可通过无线网络向监控人员发出报警信息，同时根据陌生人移动的位置自动调用该位置附近的摄像头进行目标追踪，从而避免偷盗、故意损坏变电站设备的事故发生。此外，变电站中还存在变压器、高压线等危险区域，通过不断地对危险区域进行人员检测，一旦检测到陌生人靠近时，变电站发出警示和提醒，避免电击事故的发生。变电站的安防监控系统，既节省了时间、有效减少了安防人员的工作量，又尽可能地增强了变电站的安全等级，进一步保证了电网供电的可靠性。

8.2.5.3　变电站辅助联动系统

建立外部访客库，人员有变动时及时更新。通过摄像头现场抓拍的人脸与访客库、身份证信息进行匹配比对，三者信息核对一致后，系统才能接受访问请求并开闸放行，防止未授权人员的随意进出。同时，系统可实时查询人员进出变电站的人像记录，一旦变电站发生人为突发事件，方便工作人员的查询和定位。建立黑名单数据库，一旦危险人员出现在变电站出入口或任何一个监控区域内，系统即自动识别并实时定位告警位置，降低其破坏变电站的风险。增加变电站辅助联动系统，不但减少了相应的成本支出，还可以减少一些不必要的操作，最大程度保证了变电站安全、稳定地运行。

8.3　现场作业智能管控技术

交直流特高压变电站运维管理要求高，检修作业的专业化程度高，安全运维责任重大。随着变电站管理智能化水平的提高，对变电站人身安全智能化预防和管理手段也提出了更高的要求。对作业现场进行人工监控的手段已经无法做到及时发现风险和实时提醒。

　　目前采用全新的基于空间精确坐标的变电站实景建模技术，通过开展电力大数据融合变电站精确空间位置三维实景及安全防控的应用拓展，提高电力三维全景数据智能融合的感知精度，呈现细节以及功能健硕性，并结合智能可穿戴设备的实时定位交互功能，实现作业现场安全性的实时分析和预警。

8.3.1　现场可视化监控

　　应用三维激光与虚拟现实技术，快速构建变电站三维实景模型，建立以设备位置为中心的变电站全景信息，实现设备、人员位置及状态的可视化、智能化管理。

　　变电站三维建模分为两个部分：一是站内场地建模，包括对变电站围墙、大门、地面、内部道路、树木草坪、主控楼、主控室、保护小室等主要建筑物室内外进行精细建模；二是设备建模，主要是对设备外形结构进行三维精细建模。整个建模过程快速、便捷，只需要使用移动测图系统和手持三维扫描仪，较短时间内就可以完成整个变电站的三维建模。应用地面激光雷达扫描变电站，获取密集的三维点云数据，构建变电站三维模型。同时对于结构相对复杂和精细的电力设备，利用点云结构图绘制出设备的二维平面图，并应用3DMax构建复杂的设备三维模型，如图8-8所示。

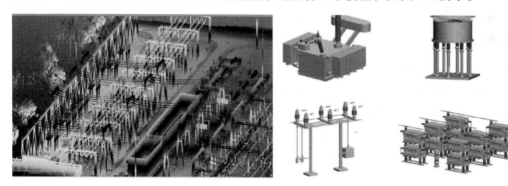

图 8-8　变电站三维建模

8.3.2　室内外一体化高精度定位技术

8.3.2.1　北斗定位技术概述

北斗定位技术是一种基于北斗卫星导航系统实现的定位技术。而北斗卫星导航系统是中国自行研制的全球卫星定位与通信系统，可全天候、全天时为各类用户提供高精度和高可靠的定位、导航、授时服务。

8.3.2.2   超宽带定位技术原理

超宽带（Ultra Wideband，UWB）是一种无载波通信技术，利用纳秒至皮秒级的非正弦波窄脉冲在较宽的频谱上传输数据，具有定位精度高、穿透能力强、抗多路径效应和功耗低等特点，能够充分满足变电站室内高精度定位要求。现有 UWB 利用到达时间差、UWB 信号方向角和仰角来实现定位，其定位原理如图 8-9 所示：

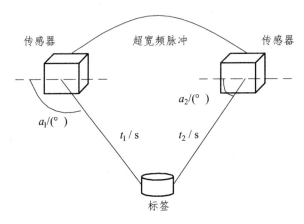

图 8-9   UWB 定位原理

图中，α_1 和 α_2 为标签到传感器的信号传播途径与水平线方向的夹角（单位为°），t_1 和 t_2 为标签信号传播到传感器所用的时间（单位为 s）。

8.3.2.3   室内外一体化定位模型

通过智能手环定位工作人员所在位置，定位精度必须要高，而变电站环境复杂，传统的北斗导航民用室外定位精度在 10 m 左右，室内无法收到定位信号，不能满足高精度定位的要求。因此提出了一种针对变电站特殊场景的高精度定位方法，即在室外需要依托北斗地基增强网进行定位，精度可以达到 20 cm 左右。室内由于无法接收北斗信号，需要加设 UWB 基站。通常一个 UWB 区域定位需要 4 个基站，部署成矩形，4 个基站的覆盖范围可达 50 m×50 m，实现北斗信号的模拟延伸，精度可以达到 30 cm 左右。最终通过统一的混合定位解算引擎实现室内外定位结果输出，结合三维数字地图进行无缝衔接。UWB+北斗室内外一体化定位模型主要由室外北斗地基增强网、UWB室内基站、北斗定位终端和智能手环组成，模型结构如图8-10所示：

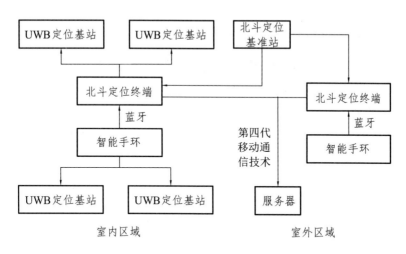

图 8-10 UWB+北斗室内外一体化定位模型

应用变电站三维实景和基于北斗地基增强系统的精确定位技术对变电站内设备、人员、缺陷及危险点的空间位置进行判断，实现设备、人员、缺陷、危险点信息与状态的动态查看，完成对现场作业的可视化监控，如图8-11所示：

图 8-11 现场作业精确定位、跟踪及可视化

8.3.3 现场作业安全管控

变电站整体的建筑面积是非常大的，在这种情况下变电站对于工作人员的定位就变得十分重要，这不仅能够确保工作效率得到提升，还能够确保变电站现场作业工作人员的人身安全。而变电站现场作业安全管控系统的有效应用就能够实现工作人员的精确定位。在实际应用过程中，安全管控系统可以利用实时的图像处理技术来获取不同工作人员的目标轮廓，在后续的识别过程中再采用模式识别技术识别不同的工作人员，最终再利用视觉定位技术，这样就能够实现变电站所有工作人员的精准定位了。这对于变电站整体的现场作业安全管理、控制工作都是一项非常重要的提升。

（1）显示工作人员的状态和行动轨迹。变电站现场作业安全管控系统应用后，还能够将现场作业工作人员的状态和行动轨迹显示出来，这一过程能够实现主要利用的是全景的电子地图。实时的监控软件还具备变电站全站的二维和三维地图，这一功能的实现能够确保工作人员能够按照相关的安全管控规章制度进行工作，使得变电站的现场安全作业得到有效的保障。

（2）工作票安全监督：在后台可视化地图管理界面可标定站内危险区块，当作业人员配戴智能手环后需要进站内工作时，系统可根据其工作票内容，提供安全路径规划、作业区块划定，规避潜在危险因素。当人员出区域或滞留超时，系统和手环同时会发出危险告警信号。

（3）自动识别违规行为：对于变电站的现场作业来说，还是存在着比较多的人为操作的，而人为操作会经常出现失误的情况，这对于变电站现场作业的质量会造成比较严重的负面影响。通过作业前路径规划在三维地图上画出电子围栏，根据作业人员位置信息，对误入间隔、跨越危险区域、工作负责人擅自离开作业现场、单人滞留开关室等违规行为进行自动识别，并在系统上和手环上同时发出危险警告信号。由此，人为事故情况的出现得到有效的预防，这对于变电站的现场安全作业来说是尤为重要的。

（4）历史轨迹查询：系统自动保存工作人员的活动轨迹，一旦危险事故发生，可查询追溯当时其活动轨迹，分析事故原因，理清事故责任，总结经验教训，为以后的安全生产工作提供指导。

（5）视频联动：系统可联动变电站现有的视频系统，在三维地图上以直接点击摄像头的方式灵活调用现场视频，对站内工作人员进行跟踪监护，对违规行为进行自动拍照存档。

（6）一键求救：通过智能手环准确掌握工作人员的生命体征，如发现工作人员有心率异常、跌倒、晕倒等异常情况时，可及时进行干预。当工作人员在变电站内遇紧急情况可通过手环上的紧急按键，一键报警呼救，第一时间为救援提供准确位置，节省时间，提高应急处理能力。

8.3.4　智能联动

将系统集成于一个管理平台，使得变电站的安防系统、火灾报警系统、环境监控系统、辅助灯光系统、视频监控系统、变电站监控系统集成整合，实现统一管理和联动，实现智能变电站事故快速处理，提高响应能力。

（1）环境温湿度监测联动的集成。智能变电站内保护室有较多光电转换器和网络交换机，光电转换器和交换机模块均为易发热设备，而且对环境要求很高。每个电压等级的保护室或各个小室内均有温湿度传感器，在线监测到温湿度超出阈值的范围以后，向智能辅助平台发送警告信号，智能辅助平台启动温湿度控制策略，启动空调的制冷、制热、除湿功能及启动除湿机使环境保持在规定范围内。待温湿度回归到阈值以下时，智能辅助平台关闭空调，使得设备在安全环境中运行，增加设备寿命及运行可靠性。

（2）六氟化硫泄漏告警与通风系统联动的集成。部分智能站分布在市区或者人口密集地区，因此高压设备建在室内。高压设备的每个气室均有气体密度检测仪，在变电室内最低点也设置六氟化硫测量仪和氧气含量仪。待监控系统发出设备气室压力降低告警或变电室内六氟化硫测量仪和氧气含量仪发出告警信号，智能辅助平台应启动相应变电室通风系统排出六氟化硫气体，提醒运维人员进入现场前先查看变电室门外氧气含量仪指示数值是否在合格范围内，防止人员贸然进入变电室导致中毒。

（3）跳闸信号与监控巡检联动集成。当无人值守智能变电站出现跳闸信号时应该启动视频监控联动策略，调动设备所在区域视频监控云台，使之呈现出跳闸设备的画面，检查是否出现外力损坏或恐怖袭击等，为设备运维单位提供事故判别依据，同时智能辅助平台接收监控机发送的跳闸故障设备信息，从而在基站层数据粗中将故障设备的巡检点组成一个数据组，自动生成临时巡检计划并立即执行，根据终端机返送回来的巡检结果判定现场一、二次设备实际情况，由相应调控单位决定试送或者是由运维人员从运维班赶到现场做详细检查，无问题后再试送。

（4）火灾报警与视频监控、空调通风系统、门禁系统联动。出现火灾监控报警时，系统向智能辅助平台发出告警，同时通过系统间的功能集成联动启动视频监控系统，自动显示报警区域的实时图像界面，利用直观的可视化图像判别是否为火灾。当判定为火灾时，可远方启动火灾报警处置策略，停止空调及通风系统，抑制火情扩大，与此同时火灾报警处置策略启动门禁系统解锁，将相应的电磁锁打开，照明控制系统自动启动应急照明灯具和疏散指示灯具，便于相关人员在有限逃生时间内及时疏散，同时为消防人员提供灭火救灾的通道。

参考文献

[1] 黄新波. 变电设备在线监测与故障诊断[M]. 北京：中国电力出版社，2013.

[2] 王芝茗. 高度集成智能变电站技术[M]. 北京：中国电力出版社，2015.

[3] 崔玉，曹海欧，余嘉彦等. 智能变电站智能告警技术及应用研究[J]. 电力信息与通信技术. 2021，19（05）：65-70.

[4] 张海东，陈爱林，倪益民等. 智能变电站智能电子设备在线评估及动态重构[J]. 电力系统自动化. 2014，38（05）：122-126.

[5] 贾华伟，郭利军，叶海明等. 智能变电站分布式智能告警研究与应用[J]. 电力系统保护与控制. 2016，44（12）：92-99.

[6] 谢文超，薄玉琳，李文征等. 智能变电站全数据采集分析方式研究[J]. 电工技术. 2019（01）：139-140.

[7] 李彦青. 智能变电站数据采集的关键技术研究[D]. 太原科技大学，2021.

[8] 葛亮,张建华,余斌.智能变电站数据中心及其应用服务[J].电力系统自动化.2013，37（24）：54-59.

[9] 李妍，孙建龙，胡国伟等. 智能变电站二次系统在线监测评估体系研究[J]. 中国电业（技术版）. 2016（06）：48-51.

[10] 金乃正，张亮，章坚民等. 数字化变电站智能设备及网络在线监测与状态评估系统[J]. 机电工程. 2015，32（05）：671-676.

[11] 唐伟,李大全,周杨等.基于SOA构架的智能变电站设计平台模式设计研究[J].电子设计工程. 2021，29（21）：23-26.

[12] 石庆龙. 变电站运维一体化数据智能分析系统的设计与实现[D]. 电子科技大学，2020.

[13] 弥潇，曹炀，肖莞.智能变电站在线监测系统设计[J].电气时代.2021（10）：60-62.

[14] 程大伟，高强，郭劲松等.状态评价中心状态监测数据标准化接入方法研究[J]. 电

力信息与通信技术. 2014，12（10）：46-49.

[15] 胡冰，都正周，韩林峰等. 智能变电站监测系统研究与设计[J]. 价值工程. 2015，34（10）：112-114.

[16] 吕悦. 基于物联网的变电站监测系统设计[D]. 江苏大学，2020.

[17] 郑玉平. 变电站自动化技术与应用[M]. 北京：中国电力出版社，2020.

[18] 贺达江，杨威. 智能变电站原理与技术[M]. 成都：西南交通大学出版社，2020.

[19] 高兆丽. 智能变电站过程层故障诊断与状态评估技术研究[D]. 山东大学，2015.

[20] 张文谱. 全光纤电子式互感器在智能变电站中的应用研究[J]. 自动化应用. 2021（05）：106-108.

[21] 胡斌，赵群辉，郭利军，等. 智能变电站二次安措诊断方法的研究与应用[J]. 电工技术. 2020（05）：141-144.

[22] 崔玉，朱继红，曹海欧等. 合并单元数据可靠性提升方案研究与应用[J]. 电力系统保护与控制. 2021，49（02）：160-165.

[23] 崔宇杭. 智能变电站电子式互感器采样单元与合并单元的研究[J]. 电工技术. 2022（03）：60-61.

[24] 孟凡旭. 基于 IEC 61850 的智能变电站过程层故障诊断研究[J]. 自动化应用. 2021（10）：121-123.

[25] 王仁德，杜勇，沈小军. 变电站三维建模方法现状及展望[J]. 华北电力技术. 2015（02）：19-23.

[26] 张锐，杜勇，王奇等. 基于实景点云数据的变电站三维重构方法研究[J]. 湖北电力. 2018，42（01）：28-34.

[27] 黄金魁. 智能变电站三维实景无人值守感知系统的应用研究[J]. 电测与仪表. 2020，57（04）：87-92.

[28] 张春晓，张越，葛欢. 变电站三维模型的开发及应用[J]. 电世界. 2021，62（04）：1-5.

[29] 郭政，吴武清，邱倬等. 无人值守变电站三维实景目标协同识别模型构建[J]. 水电能源科学. 2021，39（07）：163-166.

[30] 解进军. 基于柔性环网控制装置的高可靠性配电网结构研究[D]. 北方工业大学，2016.

[31] 胡鹏飞，朱乃璇，江道灼等. 柔性互联智能配电网关键技术研究进展与展望[J]. 电

力系统自动化. 2021，45（08）：2-12.

[32] 张勇军，刘子文，邓丰强. 柔性互联配电网研究现状综述及其发展探索[J]. 广东电力. 2020，33（12）：3-13.

[33] 王成山，宋关羽，李鹏等. 基于智能软开关的智能配电网柔性互联技术及展望[J]. 电力系统自动化. 2016，40（22）：168-175.

[34] 周剑桥，张建文，施刚等. 应用于配电网柔性互联的变换器拓扑[J]. 中国电机工程学报. 2019，39（01）：277-288.

[35] 张在梅，刘艳. 配电网电力电子变压器技术综述[J]. 电工电气. 2021（07）：5-11.

[36] 李子欣，高范强，赵聪等. 电力电子变压器技术研究综述[J]. 中国电机工程学报. 2018，38（05）：1274-1289.

[37] 祁琪，姜齐荣，许彦平. 智能配电网柔性互联研究现状及发展趋势[J]. 电网技术. 2020，44（12）：4664-4676.

[38] 王成山，孙充勃，李鹏等. 基于SNOP的配电网运行优化及分析[J]. 电力系统自动化. 2015，39（09）：82-87.

[39] 沙广林，刘斌，邬玮晗等. 多端柔性互联的交直流配电系统分层控制策略[J]. 高电压技术. 2020，46（10）：3509-3520.

[40] 李瑞生. 分布式电源并网运行与控制[M]. 北京：中国电力出版社，2017.

[41] 吴素农. 分布式电源控制与运行[M]. 北京：中国电力出版社，2012.

[42] 刘远龙. 分布式电源并网与运行技术[M]. 北京：中国电力出版社，2017.

[43] 王博. 分布式电源并网对电压影响的研究[D]. 沈阳工业大学，2018.

[44] 郭燕羽，沈振华，朱汉清等. 分布式电源并网对电能质量的影响及解决办法[J]. 中国高新科技. 2018（20）：98-100.

[45] 于达，张玮，王辉. 分布式电源并网控制研究综述[J]. 齐鲁工业大学学报. 2022，36（01）：59-65.

[46] 荆琳，艾文灏，王婉莹等. 分布式电源并网中存在的问题[J]. 通信电源技术. 2020，37（09）：152-153.

[47] 陈通，李杰. 分布式电源谐波机理与抑制技术综述[J]. 河北工业科技. 2021，38（04）：343-350.

[48] 王镜植，刘姿，刘晓强. 分布式光伏发电孤岛效应的影响及对策[J]. 科技风. 2018（17）：181.

[49] 李珂. 含分布式电源的配电网规划与运行研究[D]. 上海交通大学，2017.

[50] 汤义勤，方家麟，沈君. 智能变电站一体化五防系统[J]. 农村电气化. 2015（01）：35-36.

[51] 万涛，张媛媛，杨栋等. 智能变电站五防闭锁功能模型标准化设计及实现[J]. 价值工程. 2018，37（25）：143-145.

[52] 马龙. 智能变电站一体化五防系统的标准化建模与开发研究[D]. 山东大学，2015.

[53] 李刚刚. 浅析变电站综合自动化与智能化的现状与发展趋势[J]. 电气传动自动化，2018，40（05）：47-50.

[54] 申屠刚. 智能化变电站架构及标准化信息平台研究[D]. 浙江大学，2010.

[55] 曾湘聪. 智能变电站中新技术与新设备的应用[J]. 电子技术与软件工程，2021（04）：227-228.

[56] 鄢学锋. 探究智能变电站关键技术及其构建方式[J]. 科技与企业，2015（20）：80.

[57] 刘洪义，李字霞，李电元，李字芹，王立军. 智能变电站关键技术及其构建方式的探讨[J]. 电子制作. 2016（10）：31.

[58] 郭美林. 浅谈智能电网与智能变电站[J]. 中国设备工程，2019（18）：176-178.

[59] 熊伟. 浅谈智能变电站关键技术及构建方式[J]. 通讯世界，2014（23）：78-79.

[60] 黄少雄. 常规变电站智能化改造工程实施方案研究[D]. 上海交通大学，2012.

[61] 邢宇欣. 变电站巡检机器人的路径规划研究[D]. 燕山大学，2019.

[62] 张营吗，鲁守银. 基于模糊控制算法的变电站巡检机器人路径规划[J]. 制造业自动化，2015（11）：53-55.

[63] 杨超杰，裴以建，刘朋. 改进粒子群算法的三维空间路径规划研究[J/OL]. 计算机工程与应用，2019，55（11）：117-122[2019-03-19]. http://kns.cnki.net/kcms/detail/11.2127.TP.20181219.1050.010.html.

[64] 刘俊，徐平平，武贵路，等. 室内环境下基于最优路径规划的 PSO-ACO 融合算法[J]. 计算机科学，2018，45（S2）：107-110.

[65] 薛立卡，王学武，顾幸生. 基于DTC-MOPSO算法的焊接机器人路径规划[J]. 信息与控制，2016（6）：713-721.

[66] 刘新宇，谭力铭，杨春曦，等. 未知环境下的蚁群-聚类自适应动态路径规划[J/OL]. 计算机科学与探索，2019，13（05）：846-857[2019-03-19]. http://kns.cnki.net/KCMS/detail/11.5602.TP.20190222.1721.004.html.

[67] 王秀芬. 窄通道路径规划的改进人工势场蚁群算法[J]. 计算机工程与应用, 2019, 55（03）: 104-107+125.

[68] 佐磊, 张楠, 何怡刚, 等. 基于改进离散烟花算法的变电站巡检机器人路径规划研究[J]. 电工技术, 2018, 479（17）: 37-40.

[69] 樊永生, 连云霞, 杨臻. 改进烟花算法在虚拟士兵路径规划中的应用[J]. 计算机工程, 2018, 44（12）: 228-232.

[70] 张玮, 马焱, 赵捍东, 等. 基于改进烟花-蚁群混合算法的智能移动体避障路径规划[J]. 控制与决策, 2019, 34（2）: 335-343.

[71] 张书玮. 基于机器视觉和雷达数据融合的变电站巡检机器人自主导航方法研究[D]. 华中科技大学, 2019.

[72] 黄彬. 变电站自主机器人巡检系统应用研究[D]. 广东工业大学, 2018.

[73] 宋璇坤, 闫培丽, 吴蕾, 等. 智能变电站试点工程关键技术综述[J]. 电力建设, 2013, 34（07）: 10-16.

[74] Jian Li, Xudong Li, Lin Du et al. An Intelligent Sensor for the Ultra-High-Frequency Partial Discharge Online Monitoring of Power Transformers[J]. Energies, 2016, 9（5）: 1-15.

[75] 杨旭东, 黄玉柱, 李继刚, 等. 变电站巡检机器人研究现状综述[J]. 山东电力技术, 2015, 42（01）: 30-34.

[76] 汤旭. 变电站巡检机器人视觉导航与路径规划的研究[D]. 扬州大学, 2015.

[77] 孙振, 胡金磊, 罗建军, 等. 变电站智能巡检机器人导航定位技术设计[J]. 自动化技术与应用, 2018, 37（11）: 82-85.

[78] 林超, 戴昊, 薛志成, 等. 变电站智能巡检机器人的应用综述[J]. 自动化应用, 2018（12）: 73-75.

[79] 杨帆. 无人驾驶汽车的发展现状和展望[J]. 上海汽车, 2014（03）: 35-40.

[80] 朱天敬, 郭健虎, 张斌, 等. 智能巡检机器人应用问题与解决方案[J]. 黑龙江电力, 2018, 40（04）: 307-310.

[81] 陈龙. 城市环境下无人驾驶智能车感知系统若干关键技术研究[D]. 武汉大学, 2013. 82-85.

[82] 逢伟. 低速环境下的智能车无人驾驶技术研究[D]. 浙江大学, 2015.

[83] 梁建来. 智能巡检机器人应用现状及问题探析[J]. 现代国企研究, 2018（20）: 160.

[84] 崔健. 变电站智能巡检机器人改进技术研究[D]. 山东大学，2018.

[85] 王惠，徐志伟. 智能磁导航传感器研究[J]. 仪表技术与传感器，2018（12）：25-29.

[86] 刘健. 基于三维激光雷达的无人驾驶车辆环境建模关键技术研究[D]. 中国科学技术大学，2016.

[98] 陈前. 基于语义分割的变电站巡检机器人环境感知技术研究[D]. 电子科技大学，2021. 004072.

[87] 赵晋秀，刘文杰. 全向底盘机器人智能定位和姿态检测系统——基于正交编码器和陀螺仪[J]. 工业技术创新，2020，07（05）：33-37.

[88] 刘小波，徐波，宋爱国等. 基于的变电站巡检机器人数字仪表识别算法[C]. 江西省电机工程学会：江西省电机工程学会，2019：6.

[89] 徐发兵，吴怀宇，陈志环等. 基于深度学习的指针式仪表检测与识别研究[J]. 高技术通讯，2019，29（12）：1206-1215.

[90] 汤义勤，高彦波，邹宏亮等. 基于机器视觉的室内无轨巡检机器人导航系统[J]. 自动化与仪表，2020，35（08）：42-46+76.

[91] 王吉岱，郭帅，孙爱芹等. 基于双目视觉技术的高压输电线路巡检机器人在线测距[J]. 科学技术与工程，2020，20（15）：6130-6134.

[92] 郑昌庭，王俊，郑克. 基于图像识别的变电站巡检机器人仪表识别研究[J]. 工业仪表与自动化装置，2020（05）：57-61.

[93] 臧雪. 巡检机器人自主仪表视觉识别系统的设计与研究[D]. 哈尔滨工业大学，2016.

[94] 杨涛，李祎，陈晶华等. 基于背景差分的巡检机器人视觉识别方法[J]. 机械与电子，2020，38（12）：60-64.

[95] R. Buettner, H. Baumgartl. A highly effective deep learning based escape route recognition module for autonomous robots in crisis and emergency situations[C]. In：Proceedings of the 52nd Hawaii International Conference on System Sciences，2019.

[96] K. Asadi, P. Chen, K. Han, et al. Real-time Scene Segmentation Using a Light Deep Neural Network Architecture for Autonomous Robot Navigation on Construction Sites[C]. The 2019 ASCE International Conference on Computing in Civil Engineering，2019：320-327.

[97] Y. Yuan，J. Wang. Ocnet：Object context network for scene parsing[J]. arXiv preprint

arXiv：1809．00916，2018．

[98] J. Fu，J. Liu，H. Tian，et al. Dual attention network for scene segmentation[C]. In：Proceedings of the IEEE/CVF Conference on Computer Vision and Pattern Recognition，2019：3146-3154．

[99] X. Li，Z. Zhong，J. Wu，et al. Expectation-Maximization Attention Networks for Semantic Segmentation[C]. In：Proceedings of the IEEE/CVF International Conference on Computer Vision，2019：9167-9176．

[100] 臧高升. 路径规划算法在变电站巡检机器人中的应用[D]. 华北电力大学（北京），2021．

[101] 张楠. 变电站巡检机器人路径规划的智能算法研究[D]. 合肥工业大学，2018．

[102] 陈瑶. 变电站智能巡检机器人全局路径规划设计与实现[D]. 山东大学，2015．

[103] 董溪源. 基于相片的变电站设备状态识别[D]. 辽宁工程技术大学，2019．

[104] 陈文昊. 图像识别技术在电力设备在线监测中的应用研究[D]. 华北电力大学，2018．

[105] 郜亚洲，贺海浪. 红外测温技术在变电运维中的应用分析[J]. 电工材料，2021（06）：020．

[106] 宋继辉. 红外测温技术在变电站设备缺陷中的诊断和分析研究[D]. 青岛大学，2018．

[107] 杨立，杨桢. 红外热成像原理与技术[M]. 北京：科学出版社，2012：71-72．

[108] 周书铨. 红外辐射测量基础[M]. 上海：上海工业出版社，1991：12．

[109] 谷宗卿. 基于红外热像技术的变电站设备故障诊断研究[D]. 河北大学，2018．

[110] 康龙. 基于红外图像处理的变电站设备故障诊断[D]. 华北电力大学，2016．

[111] 孙晓迪. 智能巡检机器人在变电运行中的应用[D]. 山东大学，2019．

[112] 柳斐. 变电站定轨自主巡视机器人系统研究[D]. 华中科技大学，2015．

[113] 王署东. 基于传感器阵列的变电站局部放电定位关键技术研究[D]. 合肥工业大学，2021．

[114] 高胜友，王昌长，李福祺. 电力设备的在线监测与故障诊断[M]. 第2版. 北京：清华大学出版社，2018．

[115] Li S，Li J. Condition monitoring and diagnosis of power equipment：review and prospective[J]. High Voltage，2017，2（2）：82-91．

[116] 律方成，谢庆. 电气设备局部放电超声阵列定位[M]. 北京：中国电力出版社，2016.

[117] 唐炬，张晓星，肖淞. 高压电气设备局部放电检测传感器[M]. 北京：科学出版社，2017.

[118] 唐炬，张晓星，曾福平. 组合电器设备局部放电特高频检测与故障诊断[M]. 北京：科学出版社，2016.

[119] 国家电网公司运维检修部. 电网设备带电检测技术[M]. 北京：中国电力出版社，2014.

[120] 高明. GIS 设备局部放电检测技术的应用研究[D]. 江苏大学，2019.

[121] 谢丽. 人脸识别技术在变电站智能安防中的应用[J]. 电子技术，2021，50（09）：20-21.

[122] 林建涛. 基于刷脸技术的变电站门卫自动识别系统设计[J]. 自动化与仪器仪表，2020（06）：098.

[123] 宋扬，吴丹蓉，吕勤智. 乡村视觉识别系统设计（Ⅵ）在半山村景观环境中的应用设计[J]. 浙江工业大学学报（社会科学版），2017，16（03）：266-271.

[124] 张奎奎. 人脸识别和人体检测技术在无人值守变电站中的应用与实现[D]. 南京师范大学，2017.

[125] 宗祥瑞，王洋，金尧，周斌，任新颜，庞玉志. 基于 Face Net 的无人值守变电站智能监控终端[J]. 电力大数据，2020，23（07）：1-8.

[126] 蒋晨，郑立，潘捷凯，陈铭，王小芳，杨森，王自升. 基于北斗定位的变电站作业人员行为安全管控系统[J]. 电力信息与通信技术，2022，20（02）：76-81.

[127] 刘世森. 基于 UWB 的矿井人员精准定位技术[J]. 煤矿安全，2019，50（06）：118-120.

[128] 罗晴明. 基于北斗/UWB 的高精度室内外定位系统及其定位方法[J]. 电子世界，2019（07）：092.

[129] 徐明，穆国平. 变电站现场作业安全管控系统应用[J]. 电力设备管理，2021（02）：99-100.

[130] 徐竟争. 智能变电站辅助平台综合联动研究[J]. 中国电力企业管理，2018（27）：46-47.

[131] 段敏. 基于 EPON 技术的智能变电站网络优化设计[D]. 河北科技大学，2021.

[132] 邵慧娟. 常用颜色模型[J]. 电子世界，2013（03）：57-58.

[133] 白玉洁. 内蒙古某 500 kV 智能变电站运维技术研究[D]. 华北电力大学，2017.

[134] 谭渝. 基于摆式激光雷达的机器人环境地图构建与路径规划研究[D]. 中国矿业大学，2021.